W0055987

Cornelia Topf

# Erfolgreich verhandeln
# für Frauen

Cornelia Topf

# Erfolgreich verhandeln für Frauen

Souverän, kompetent, überzeugend

**REDLINE** | VERLAG

**Bibliografische Information der Deutschen Nationalbibliothek**
Die Deutsche Nationalbibliothek verzeichnet diese Publikation in der Deutschen National-
bibliografie. Detaillierte bibliografische Daten sind im Internet über http://dnb.d-nb.de
abrufbar.

ISBN 978-3-86881-019-6

© 2009 by Redline Verlag, FinanzBuch Verlag GmbH, München
www.redline-wirtschaft.de

Redaktion: Leonie Zimmermann
Lektorat: Monika Schuch
Umschlaggestaltung: Weiss Werkstatt München
Umschlagabbildung: ©plainpicture – Jens Haas
Satz: Jürgen Echter, Landsberg am Lech
Druck: Konrad Triltsch, Print und digitale Medien GmbH

Alle Rechte, insbesondere das Recht der Vervielfältigung und Verbreitung sowie der Übersetzung,
vorbehalten. Kein Teil des Werkes darf in irgendeiner Form (durch Fotokopie, Mikrofilm oder ein
anderes Verfahren) ohne schriftliche Genehmigung des Verlages reproduziert oder unter Verwen-
dung elektronischer Systeme gespeichert, verarbeitet, vervielfältigt oder verbreitet werden.

# Inhaltsverzeichnis

Anmerkung                                                                9

Vorwort vom Verhandeln                                                  11

1  Ich trau mich!                                                       15

Ich bin unzufrieden? Ich verhandle! ............................... 15
Trau dich, Mädel! ...................................................... 17
Blockaden: Integrieren, nicht isolieren! ........................ 19
Das mache ich mindestens! ......................................... 21
Charme ist keine Lösung ............................................. 24
Check-up: Was steht an? ............................................. 25
Ich verhandle mit mir ................................................ 27
Zicken sind Frauen, die verhandeln ............................. 29
Frauen werden bestraft, wenn sie verhandeln .............. 30

2  Ich entdecke meine Stärke!                                          35

Wer verhandelt am besten? ......................................... 35
Innere Stärke bringt äußere Stärke .............................. 39
Ich stärke das Beste in mir ........................................ 40
Stark ist stark vorbereitet .......................................... 42
Die beste Freundin BATNA .......................................... 43
Was ist es Ihnen wert? ............................................... 44
Lernen, sich selbst zu schützen ................................... 46
Frauen sind nicht perfekt ........................................... 48
Negative Glaubenssätze durch konstruktive ersetzen .... 50
Der Wert aller Dinge ................................................. 51
Im Extremfall ........................................................... 51
Stark sein, stark bleiben ............................................ 53

**3  Ich weiß, was ich will!**                                    **55**

Wenn ich nur wüsste, was ich wollte ... ......................... 55
Frauen sind ja so spontan ............................................. 56
Wünsche im Walzertakt ................................................ 57
Was will Ihr Verhandlungspartner? ............................. 59
Seien Sie Frau Moses! .................................................. 63
Bringen Sie Kuchen in die Verhandlung! ...................... 66
Die Unterschiede zwischen Erfolg und Misserfolg ........ 67
Ich mache mich für meine Wünsche stark! ................... 70
Bleib dir selber treu! ................................................... 72

**4  Ich verhandle strategisch!**                                 **73**

Wie lautet Ihre implizite Strategie? ............................. 73
In der Strategiefalle ..................................................... 75
Die Win-Lose-Strategie ................................................ 76
Win-Win ..................................................................... 77
Der Kompromiss .......................................................... 78
Welches ist die beste Strategie? .................................. 81
Strategien des gesunden Frauenverstandes ..................... 84
Die chinesische Strategie ............................................. 85
Strategiewechsel ......................................................... 86
Die Interessen-Strategie ............................................... 87
Die Schilfgras-Strategie ............................................... 88
Strategisch denken ...................................................... 89

**5  Ich verhandle taktisch klug!**                              **91**

Das Eis brechen .......................................................... 91
Welches sind seine Interessen? ................................... 94
Taktische Fallen vermeiden .......................................... 97
Wer nur verhandelt, verhandelt nicht richtig ............... 99
Hart, aber fair ............................................................ 101
Nein heißt Nein .......................................................... 103
Das Kleingedruckte ..................................................... 106
Nach der Verhandlung ist vor der Verhandlung ............ 108
Taktisch denken .......................................................... 109

**6 Ich weiß, wovon ich rede!**     **111**

Tango der Argumentation ........................................ 111

Sammeln, bewerten, ordnen ................................... 114

Wissen Sie, wovon er redet? ................................... 117

Sag endlich, was du willst! ...................................... 119

Männer argumentieren nicht! ................................. 121

Das dumme kleine Frauchen .................................. 122

Überzeugen Sie nicht! ........................................... 123

Zwingen Sie Ihren Partner, auf Sie einzugehen! ............ 125

Die beste Argumentation ....................................... 126

Argumentativ denken ............................................ 128

**7 Ich sage Ja zum Nein!**     **131**

Wie gehen Sie mit Ablehnung um? ............................ 131

Er sagt nicht zu dir Nein! ....................................... 135

Nein! Wie damit umgehen? .................................... 137

Mit bescheuerten Neins umgehen ............................ 138

Einwände erfolgreich behandeln .............................. 140

Was bin ich gut! .................................................. 144

Ich sage Nein! .................................................... 145

Ans Nein denken ................................................. 147

**8 Ich stehe meine Frau!**     **149**

Mit Idioten und Zicken verhandeln ........................... 149

Bleib bei dir! ..................................................... 151

Mein Chef ist ein Monster! .................................... 153

Nicht verteidigen! ............................................... 155

Die Expertenmasche ............................................ 156

Fürchte die Schmeichler! ...................................... 157

Keine Angst vor hohen Tieren ................................. 158

Was haben Sie gegen Männer? ................................ 160

Abbruch ........................................................... 161

Wenn Sie nicht schlafen können .............................. 162

Antizipieren Sie! ................................................ 163

Gelassenheit für Fortgeschrittene ............................ 164

**9    Ich sichere mich ab!**                                                **167**

Warten auf den Wortbruch ........................................... 167
Quidquid agis, prudenter agas .................................... 169
Vertragsbruch ist normal ............................................ 170
Die Guerilla-Lösung ................................................... 173
Management by Vertragsbruch ................................... 174
Drum prüfe, wer sich bindet … ................................. 175
Kontrolle und Konsequenzen ..................................... 177
Tricks und Kniffe ...................................................... 179
Lass dich nicht mit jedem ein! ................................... 181

**10  Ich verhandle extrem!**                                              **185**

Wenn es zum Schlimmsten kommt ............................. 185
Prioritäten drehen! .................................................... 187
Die inneren Imperative loslassen ................................ 190
Die einzige richtige Extremtaktik ............................... 191
Raus aus der Problemschleife! .................................... 192
Übernehmen Sie die Führung! .................................... 194
Wenn Sie gegen die Wand laufen ............................... 195
Verrückte Extremrezepte ............................................ 197
Wie versorgen Sie Ihre Opfer? ................................... 199
Das wirklich Letzte .................................................... 200

**Nachwort vom Leben als Verhandlung**                       **205**
**Stichwortverzeichnis**                                                  **209**
**Über die Autorin**                                                         **213**

# Anmerkung

Um das Arbeiten mit diesem Buch für Sie möglichst einfach und effizient zu gestalten, haben wir wichtige Textpassagen mit folgenden Icons gekennzeichnet:

 Achtung, wichtig

 Aufgabe, Übung

 Das sollten Sie auf jeden Fall vermeiden.

 Beispiel

 Tipp

# Vorwort vom Verhandeln

*Wer verhandeln kann, hat mehr vom Leben!*
Marlies, Laborleiterin

Hand aufs Herz: Was möchten Sie in nächster Zeit erreichen? Auf die Frage hin erzählen mir Frauen von Vorhaben wie:

❏ »Bei der Arbeit nicht mehr das Mädchen für alles sein!«
❏ »Dass mein Partner endlich den verstopften Abfluss sauber macht!«
❏ »Meine Kunden sollen nicht den ganzen Müll bei mir abladen!«
❏ »Kann der Kleine nicht mal von sich aus sein Zimmer aufräumen?«
❏ »Beruf und Familie besser zusammenbringen.«
❏ »Ich möchte auch mal an die attraktiven Aufträge und Projekte ran!«
❏ »Ich will, dass meine Arbeit interessanter wird!«
❏ »Mehr Geld für diesen Knochenjob.«
❏ »Der Chef könnte mich wenigstens einmal am Tag loben«

Bunte, wilde, brave, vernünftige und verträumte Vorhaben. Was haben Sie vor? Ich bin mir sicher, dass Sie schon einiges versucht haben, sich diese Wünsche zu erfüllen.

Was Frauen wollen

**z.B.** Nehmen wir Meike. Meike möchte, dass Volker endlich seinen Kram selber macht. Bei ihr lädt er nämlich jede Auftragsabrechnung ab, die ihm zu »kompliziert« ist (Männersprache für »bin zu bequem dafür«). Sie hat ihm schon hundertmal gesagt, dass das so nicht geht. Er kommt halt immer wieder angeschlichen. Immer wieder regt sie sich auf – und wird dann doch wieder weich. Nicht nur Meike.

*Ja, auch mit dem eigenen Mann kann, nein, muss frau verhandeln*

Was tun wir, wenn wir mit unseren Vorhaben auf Widerstände stoßen? Wir wiederholen unser Anliegen »hundertmal«, werden böse, jammern, klagen, eskalieren und/oder resignieren. Hilft uns das weiter? Allein der Umstand, dass Sie hier sind, spricht dafür, dass Sie das bezweifeln. So geht es vielen (Frauen). Was einigermaßen tragisch ist. Weil wir im trüben Tal der unerfüllten Träume ausgerechnet jenes Mittel übersehen, das Vorhaben und Ziele am schnellsten wahr macht (übrigens zuverlässiger als Bestellungen beim Universum, obwohl die auch nicht schlecht sind): Verhandeln. »Wie bitte?«, entfährt es an dieser Stelle der einen oder anderen im Seminar. »Ich soll mit meinem Mann *verhandeln*, damit er den *Abfluss* sauber macht? Zwecklos. Ich habe ihn schon so oft darum *gebeten*!« Und schon entdecken wir einen Grund, warum Frauen so viel seltener, kürzer, weniger erfolgreich und gern verhandeln als Männer: Sie wissen oft nicht, was Verhandeln ist. Sie wissen zum Beispiel nicht, dass Bitten nicht Verhandeln ist. Verhandeln beginnt erst, nachdem Bitten versagt haben.

Frauen zicken, meckern, klagen, jammern, bitten, beschwichtigen, trösten, ermuntern, verstehen, kooperieren, besänftigen, deeskalieren und klatschen gern und gut. Nebenher leisten sie in der Regel deutlich mehr als ihre männlichen Kollegen auf gleicher Position (die zum Ausgleich mehr Gehalt dafür bekommen). Frauen können so ungeheuer viel ungeheuer gut. Verhandeln gehört nicht dazu.

*Warum verhandeln Frauen weder gern noch wirksam?*

Diese seltsame weibliche Verhandlungsschwäche zieht sich hinauf bis ins Topmanagement. Immer wieder treffe (und coache) ich Managerinnen, die mir Dinge klagen wie:

»Unser Finanzvorstand genehmigt mir einfach nicht mein Weiter-
bildungsprogramm.«
»Haben Sie schon mit ihm zu verhandeln versucht?«
»Er sagt, wir hätten im Moment kein Geld dafür.«
»Ja, natürlich, aber haben Sie schon mit ihm darüber *verhandelt*?«

Warum verhandeln selbst Managerinnen oft so rätselhaft zaghaft,
ungern und zahm? Weil viele meinen, man müsse nur »vernünftig
miteinander reden«, um alle Probleme zu lösen. Wir Frauen
glauben oft, dass »Verhandeln« die Gesprächsharmonie stört und
uns unsympathisch erscheinen lässt. Wenn Männer diese frauen-
feindliche Fehlinformation in die Welt gesetzt hätten, um Frauen
davon abzuhalten, sich das zu holen, was ihnen zusteht, könnte ich
das noch verstehen. Und in gewisser Weise haben Männer das
tatsächlich – wie so oft unabsichtlich: Die meisten Bücher und
Seminare über Verhandlungskunst werden von Männern geschrieben und gehalten. Leider sind sie nicht nur *von* Männern, sondern
in der Regel auch ausschließlich *für* Männer geschrieben:

 Es ist wie in der Medizin: Fast alle Probanden bei
Pharma-Tests sind Männer. Dass selbst Aspirin bei
Frauen anders wirkt als bei Männern, darauf kommt die
Medizin erst jetzt (auch ein Nachteil der geringen Frau-
enquote in der Medizinforschung). Dass Frauen so
ungern und ungut verhandeln, ist größtenteils diesem
verleugneten Geschlechterunterschied geschuldet. Was
Männer noch als »Verhandeln« bezeichnen, ist für Frau-
en meist schon vorsätzliche verbale Körperverletzung.
Deshalb brauchen Frauen ihren eigenen, persönlichen,
weiblichen, sanften, harmonieverträglichen, wirkungs-
vollen, beziehungsfreundlichen, interessenausgleichen-
den, kulanten, effektiven, unkomplizierten, selbstwert-
stärkenden Verhandlungsstil.

Verhandeln –
verbale Körper-
verletzung?

**Feminin ermöglicht erst echte Harmonie**

Dieser Stil ist nicht schwächer als der männliche Hau-drauf-Verhandlungsstil. Im Gegenteil. Er ist stärker. Der weibliche Verhandlungsstil ist ein Sesam-öffne-dich, ein Tor zur Welt, ein Traum-Verwirklicher, ein Universalschlüssel für die Herausforderungen des täglichen Berufs- und Privatlebens und im Übrigen nicht das Ende der Harmonie, sondern die Tür zu einer echten Harmonie, die nicht davon geprägt wird, dass einer der Partner resigniert den Mund hält.

Sich diesen erfolgreichen und sympathischen weiblichen Verhandlungsstil anzueignen, darum und um nichts anderes geht es auf den nächsten Seiten.

# 1    Ich trau mich!

*Du bist viel zu weich.*
*Woher nimmst du die Geduld?*
*Wenn du ausgenutzt wirst,*
*ist es deine Schuld.*
Veronika Fischer, »Du bist viel zu weich«

## Ich bin unzufrieden? Ich verhandle!

Dass Frauen schlecht verhandeln, stimmt nicht ganz. Sie verhandeln sehr erfolgreich und weitaus erfolgreicher als Männer, was die Qualität der Beziehung zum Verhandlungspartner, die Nachhaltigkeit der Verhandlungsergebnisse oder die Harmonie der Gesprächsatmosphäre betrifft. Sie verhandeln emotionaler, empathischer und stärker auf Interessenwahrung (ihres Gegenübers!) bedacht. Der Haken daran: Sie verhandeln viel weniger oft als Männer und sind weniger erfolgreich dabei, ihre Ziele zu erreichen, ihre ureigensten Interessen zu wahren. Betrachten wir ein typisches Beispiel.

**z.B.** Ein mittelständischer Fertigungsbetrieb. Seit Wochen kündigt sich ein neues, attraktives Prozessoptimierungsprojekt an. Interner Auftraggeber ist ein Vorstandsmitglied (also ein »hohes Tier«). Die vier projektkompetenten Lower Manager des Betriebs (Gruppenleiter u.Ä.) sprechen in dieser Zeit den Vorstand im Schnitt fünfmal auf das Projekt an. Die zwei infrage kommenden Managerinnen ein- bis zweimal. Dieselben Manager verhandeln einmal pro Jahr über eine Gehaltserhöhung. Die Ma-

nagerinnen nur alle zwei Jahre. Es ist klar, wer sich im Endeffekt auch dieses attraktive neue Projekt »schnappt« und wer auf gleicher Position ungefähr 30 Prozent mehr verdient. Warum? Warum verhandeln die betroffenen Managerinnen nicht öfter?

Warum verhandeln Sie nicht öfter? Wenn Sie darauf keine Antwort wissen, ist mit Ihnen alles in Ordnung. Die wenigsten Frauen wissen wirklich, warum sie vor und bei Verhandlungen so seltsam und selbstschädigend zurückhaltend sind. Während frau Männern diese Frage nicht zu stellen braucht, weil sie ständig am Aufmucken, Nachkarten, Streiten und Verhandeln sind. Es gibt viele Gründe, warum Frauen seltener (erfolgreich) verhandeln als Männer. Einer der trivialsten ist: Frauen merken oft nicht, dass sie verhandeln sollten.

**Verhandlungs-situationen erkennen**

Als Sandra sich im Coaching darüber beklagt, dass ein Kollege in gleicher Position gut ein Viertel mehr verdient, werfe ich spontan ein, dass sie dann aber schleunigst ein Gehaltsgespräch suchen solle. Ihre erstaunte Antwort: »Wie? Ein Gehaltsgespräch? (Nachdenken) Ach so.« Ich mache große Augen. Sandra war bis zu diesem Zeitpunkt offensichtlich noch nicht auf die Idee gekommen, zu verhandeln. Sie hatte ein Problem. Aber sie hatte buchstäblich nicht im Traum daran gedacht, es mit Verhandeln zu lösen. Wie können wir Verhandlungssituationen (besser) erkennen? Relativ einfach:

**Tipp** Immer wenn Sie sich unzufrieden fühlen oder etwas wünschen, das Sie nicht auf Anhieb kriegen, sagen Sie sich: Ich befinde mich jetzt in einer Verhandlungssituation.

Herrje! Allein beim Lesen dieser Zeilen spürten Sie eben, wie ein Unbehagen in Ihnen aufsteigt? Woher kommt dieses Unbehagen?

# Trau dich, Mädel!

 Der kleine Supermarkt um die Ecke hat montags immer heruntergesetzte Ware. Neulich griff ich zu einem 1-Kilo-Bündel Bananen für 1,50 Euro. Mein Hausfrauenverstand freute sich über das Schnäppchen. Gleichzeitig sagte mein Managerinnenverstand: »Frag doch mal, ob du die auch für einen Euro kriegst. Die sind doch froh, wenn sie die alte Ware los werden und nicht in die Tonne werfen müssen.« Ganz vernünftige Idee eigentlich. Was tat ich? Ich stand da mit meinen Bananen und einem unschlüssigen Ausdruck im Gesicht. Ich zögerte. Ich hätte mir deshalb in den Hintern treten können. Was ich Ihnen nicht empfehlen möchte.

Sich in solchen Situationen in den Allerwertesten zu treten ist eine Lösung, die nur sehr kurzfristig funktioniert, wie Sie schon bemerkt haben werden. Wer sich selbst tritt, trifft sich selbst. Das tut weh, hilft nicht wirklich und nicht lange. Besser als Treten ist Denken:

**Tipp** Was hält Sie davon ab, mehr, öfter und besser zu verhandeln? Erforschen Sie diese Gefühle, Gedanken und (Horror-)Visionen achtsam, bewusst und vor allem urteilsfrei und wertschätzend. Also bitte nicht: »Nun hab dich nicht so, dumme Kuh!«

Ich stand also vor der Obst-Theke und hatte Gefühle. Ich hatte zum Beispiel das Gefühl, dass die netten Leute vom kleinen Supermarkt mir mit ihrem Sonderangebot doch sowieso schon entgegenkamen, dass sie als Einzelhändler wohl jeden Cent in der Hand umdrehen mussten, dass die mich bloß nicht für unverschämt halten sollten, dass man »so was einfach nicht macht«. Diese Gefühle und Gedanken halten uns normalerweise davon ab, zu verhandeln. Nicht weil sie so überaus logisch wären, sondern weil sie psychologisch

sind: Weil sie unbewusst wirken, wirken sie sehr stark. Wenn wir solche Gefühle oder Gedanken haben, verhandeln wir entweder gar nicht oder viel zu zaghaft und denken hinterher vorwurfsvoll: »Anstatt das zu sagen, was dir vorschwebt, hast du schon wieder genommen, was dir angeboten wurde. Und noch artig Danke gesagt!« Das hat in dem Augenblick ein Ende, in dem wir uns unsere *unbewussten* Verhandlungsblockaden *bewusst* machen.

> **To do** Welches sind Ihre persönlichen Verhandlungsbremsen? Erinnern Sie sich an eine Verhandlungssituation der jüngsten Vergangenheit, in der Sie nicht oder nicht so vehement verhandelt haben wie eigentlich nötig oder gewünscht. Oder stellen Sie sich eine anstehende Situation vor. Ergründen Sie Ihre Hemmungen. Sind es Gefühle? Wo sitzen sie? Wie fühlt sich das an? Dumpf, stechend, drückend …? Sind es Gedanken, Stimmen im Hinterkopf? Was sagen sie? In welchem Ton? Sind es Horrorbilder? Womit drohen sie? Sind es Stand- oder bewegte Bilder?

**Man kann nur ändern, was man annimmt**

Sie werden die befreiende Wirkung dieser Übung förmlich spüren. Es ist ähnlich, wie wenn einem ein Stein vom Herzen fällt. Das passiert immer, wenn wir Hemmungen bewusst wahrnehmen (Sie sollten sie nicht bekämpfen, dann wehren sie sich) und uns wirklich mal eingehend und de profundis (in der gebotenen Tiefe) mit ihnen beschäftigen. Sophia macht das auch.

> **z.B.** Sophia ist Innendienstleiterin. Ihre Vertriebschefin hat die Gewohnheit, Aufgaben mit ziemlich überzogenen Vorgaben an sie zu delegieren. Bisher hat sie das mehr oder minder geschluckt. Alle Verhandlungstrainings, die sie besucht hatte, nutzten wenig. Sie traute sich einfach nicht, der sehr dominanten Vorgesetzten Paroli zu bieten. Bis wir im Coaching die Gründe für ihre Blockade erforsch-

ten: »Eigentlich ist es offensichtlich. Aber weil es so naheliegend ist, habe ich es, glaube ich, immer verdrängt: Meine Chefin, wenn sie delegiert, erinnert mich an meine Mutter, wenn sie uns Aufgaben im Haus anwies. Widerspruch war nicht geduldet.« Sie verstummte, zog ihr Taschentuch heraus, schnäuzte sich. Dann blickte sie auf und sagte, als ob ihr gerade eben erst das zutiefst Triviale wirklich klar geworden wäre: »Aber meine Chefin ist nicht meine Mutter.« Das war's schon im Groben und Ganzen: Blockade erkannt, Blockade gebannt. Seit diesem Tag hat sie begonnen, ernsthaft mit ihrer Chefin zu verhandeln. Das macht die Kraft der Reflexion.

Blockaden sind meist trivial (aber nicht immer schnell zu ergründen). Sobald wir sie wertschätzend wahrnehmen, kann sie unser Verstand auflösen oder ihren versteckten Nutzen integrieren (konstruktiv umdeuten). Sie sollten Ihre persönlichen Blockaden auf keinen Fall bekämpfen. Denn – so seltsam es klingt –: Blockaden machen einen Sinn. Sie verfolgen einen Nutzen. Wenn Sie diesen erkennen, verschwindet die Blockade. Wie machen Sie das?

*Blockaden nicht bekämpfen, sondern ergründen!*

# Blockaden: Integrieren, nicht isolieren!

Jede Frau weiß: Wer verhandelt, bekommt mehr vom Leben. Trotzdem verhandeln viele nicht (oft und stark genug). Warum? Weil, und das wird oft unterschlagen, auch das Nicht-Verhandeln einen Nutzen bringt. Wer nicht verhandelt, muss auch keine Anstrengung unternehmen. Das spart Zeit, Kraft, gute Worte und manche Enttäuschung. Diese Ersparnis ist der sogenannte Primärnutzen. Daneben gibt es einen Nutzen, der noch viel schwerer wiegt: der Sekundärnutzen.

**z.B.** Theresa ist Abteilungsleiterin und übernimmt bei abteilungsübergreifenden Projekten meist viel mehr Arbeitspakete als die anderen beteiligten Abteilungen. Weil sie nicht so oft und hart darüber verhandelt wie die Kollegen. Worin besteht ihre Blockade? Sie sagt: »Ich kann einfach nicht so rücksichtslos sein wie die nervigen Kollegen und anderen Abteilungen Arbeitspakete aufs Auge drücken!« Ihre Bereichsleiterin und Mentorin sagt: »Mädel, Business ist kein Kindergeburtstag. Du musst auch mal hart durchgreifen können!« Das will sie aber nicht – womit sie übrigens recht hat: Frauen sollten nicht wie Männer verhandeln. Das vermännlicht und nützt wenig. Es schadet sogar (s.u. »Zicken sind Frauen, die verhandeln«).

Theresa identifiziert daher lieber den versteckten Nutzen, den sogenannten Sekundärnutzen, ihrer Verhandlungsblockade: »Wenn ich nicht verhandle, bin ich wenigstens nicht unverschämt.« Das ist der versteckte Nutzen, ihre Blockade und zugleich die Lösung: Jeder Sekundärnutzen möchte uns vor etwas beschützen. Deshalb wäre es unklug, eine Blockade zu bekämpfen. Daher ist es auch so mühsam und nutzlos, Blockaden zu bekämpfen: Sie haben einen Sinn. Den Sinn, uns zu beschützen.

 Bekämpfen Sie Blockaden nicht. Integrieren Sie lieber deren Sekundärnutzen.

Theresa sagt: »Auf der einen Seite will ich verhandeln. Auf der anderen will ich nicht als unverschämt gelten. Kann ich das zweite Ziel integrieren? Kann ich verhandeln und trotzdem nicht unverschämt wirken? Wie kann ich verhandeln und gleichzeitig nicht so unverschämt wie die Kollegen andere über den Tisch ziehen?« Und da sie es nicht umsonst zur Abteilungsleiterin gebracht hat, fallen ihr darauf jede Menge Antworten ein – wie immer.

Denn die Nutzenintegration klappt immer – sobald Sie Ihren versteckten Nutzen erkannt haben. Je öfter Sie integrieren, desto schneller funktioniert das. Hier einige Beispiele von Seminarteilnehmerinnen:

❏ »Was denken die Leute von mir, wenn ich solche Ansprüche stelle? Okay, dann formuliere ich eben so, dass es nicht als arrogant oder überzogen interpretiert werden kann. Ich formuliere bestimmt in der Sache, aber kulant zur Person.«

❏ »Denkt mein Chef dann nicht, dass ich mich um die Aufgabe drücken möchte, wenn ich verhandle? Gut, dann verhandle ich eben so, dass ihm und vor allem mir klar wird, wie viel ich bereits übernehme und dass ich nicht verhandle, um Arbeit abzuwälzen, sondern um die Aufgabenstellung transparenter zu gestalten.«

❏ »Aber wenn ich meinen Verhandlungspartner damit überfordere? Dann finden wir das gemeinsam heraus und finden eine Vereinbarung, die keinen von uns überfordert. Ich werde aber nicht von vornherein zurückstecken, nur weil ich vermute, dass ich ihn überfordere.«

*Blockade? Nutzenintegration!*

Sie sehen: Integration funktioniert immer. Sie ist wie Kreuzworträtseln: 5 waagerecht hat immer eine Lösung. Wie lauten die Sekundärnutzen Ihrer (Verhandlungs-)Blockaden? Wie können Sie diese integrieren?

## Das mache ich mindestens!

Oft verhandeln wir auch deshalb nicht, weil wir schon beim Gedanken an den damit verbundenen Aufwand geistig in die Knie gehen. Barbara kann ein Lied davon singen: »Meinem Partner ausreden, dass er nicht ständig seine Sportsachen im Bad liegen lassen soll? Dann bricht er wieder eine Grundsatzdiskussion vom Zaun! In dieser Zeit mache ich es lieber selber!«

**STOP** Hören Sie sich gut zu, wenn Sie Ihre Verhandlungszurückhaltung begründen. Hinter der Scheinrationalität erkennen Sie Ihren Sekundärnutzen.

**Integration misslungen? Probieren Sie es auf andere Weise!**

Barbara erkennt ihren Sekundärnutzen: Schutz vor Endlosdiskussionen! Also integriert sie ihn, indem sie entsprechend verhandelt: kurz und schmerzlos.

Sie sagt zu ihrem Lebensabschnittspartner: »Hör mal, ich möchte, dass du deine schweißnassen Trainingssachen auf dem Balkon aufhängst und nicht im Bad. Und ich möchte das ohne Grundsatzdiskussion erreichen. Glaubst du, das geht? Ja?« Er mault zwar ein wenig, aber: heute mal keine Grundsatzdiskussion! Integration des Sekundärnutzens gelungen.

Schutz vor Endlosdiskussionen ist ein weit verbreiteter Sekundärnutzen – unter Frauen. Männer lieben Endlos- und Grundsatzdiskussionen. »Die diskutieren am liebsten so lange«, lästert Barbara, »bis keiner mehr weiß, worüber eigentlich.« Eine schöne Art und Weise, diese missliche Situation zu vermeiden, ist die Minimalverhandlung:

 **Tipp** Wenn Sie Hemmungen haben, in eine Verhandlung zu gehen, senken Sie die Hemmschwelle: Machen Sie Ihr Vorhaben kleiner und immer noch kleiner – bis die Hemmschwelle niedrig genug ist und Sie darübergehen können.

Es gibt Kleinformen der Verhandlung, die sich perfekt dafür eignen:

**1 Prozent zu verhandeln ist immer noch 100 Prozent besser, als 0 Prozent zu verhandeln**

- ❏ Sie schaffen es nicht, über X zu verhandeln? Machen Sie VdH! Verhandle die Hälfte! Verhandeln Sie X/2, die Hälfte von X. Immer noch zu groß? 40 Prozent? 30, 20, 10, 1 Prozent?
- ❏ Wenn Sie sich schon nicht trauen, zu verhandeln, dann wenigstens, klar und deutlich zu bitten?

- ❏ Oder dezidiert zu fragen?
- ❏ Oder einen klar umrissenen Wunsch zu äußern?
- ❏ Oder einen konkreten Vorschlag zu machen?
- ❏ Oder eine Ich-Botschaft zu senden à la: »Ganz wohl fühle ich mich damit noch nicht.«
- ❏ Oder stärker: »Damit kann ich nicht einverstanden sein.«

»Können wir darüber reden?« Das geht immer

Diese Optionen sind wirklich klein und niedlich? Das ist gut. Denn ich möchte Ihnen hier und jetzt empfehlen, eine dieser Optionen als Minimalziel für sich selbst zu vereinbaren: »Wenn ich schon nicht verhandle, dann mache ich wenigstens ...« Was nehmen Sie sich vor?

 **Tipp** Wann immer Sie eine Endlosdiskussion vermeiden oder aus einem anderen Grund nicht verhandeln wollen: Bringen Sie auf jeden Fall und ausnahmslos zumindest Ihre Minimaloption an!

Das sollten Sie sich zur Gewohnheit machen. Denken Sie an Cato den Älteren und sein »Ceterum censeo, Carthaginem esse delendam!«. Über dieses leidige Thema wollte kein Mensch mit ihm verhandeln. Aber diesen kleinen Spruch brachte er jedes Mal vor, wenn dieses Thema aufkam, bis der Senat ihm schließlich seinen Wunsch erfüllte und seine Expedition nach Karthago finanzierte. Steter Tropfen höhlt den Stein. Das gilt generell: Die Wirkung von Minimumlösungen ist meist erstaunlich und überraschend.

# Charme ist keine Lösung

Dass Frauen so selten verhandeln, liegt auch daran, dass zumindest einige von uns eine andere Option nutzen. »Ach, Herr Meier, Sie sind der Einzige, der mir helfen kann.« Und Meier hilft, keine Frage. »Ach, komm, sei doch nicht so!«, lächelt Evi ihren Schatz an, klimpert mit den Wimpern und streicht beiläufig eine neckische Locke hinter ihr Ohr. Schatz wird weich, wie erwartet. Charme macht Männer schwach. Dafür wurde er entwickelt (in den L'Oreal-Labors).

**STOP** Charme ist eine schöne Sache. Für den Opernball. In Business und Beruf ist er dagegen eine gefährliche Waffe.

Wimpernklimpern ersetzt keine Sachargumente

Gefährlich nicht nur für Männer, sondern auch für Frauen. Business und Beruf sind ZDF-Bereiche. Lebensbereiche, in denen Zahlen, Daten und Fakten entscheiden. Charme kann da nur das Sahnehäubchen auf der Torte sein. Wer nur oder hauptsächlich seinen Charme einsetzt, bekommt schnell einen Stempel ab, von dem wir alle wissen, mit welchem Stigma er brandmarkt.

Die Charme-Falle ist übrigens eine typisch weibliche. Männer tappen nicht hinein. Natürlich: Auch Männer können charmant sein – auf der Abteilungsfete oder in der Kneipe, wenn sie bei einem Mädel »punkten« wollen. Doch in Beruf und Business sind Männer nicht charmant (Ausnahmen bestätigen die Regel), können also auch nicht abgestempelt werden als »Ganz nett, aber nicht tough enough«.

Wenn ich ein Auto kaufe und den Preis runterhandeln möchte, dann werden die Verkäufer nicht charmant. Sie werden höchstens hart, arrogant, unfreundlich, barsch oder zickig (auch Männer zicken – bei ihnen nennt man das aber nicht so; ein charmanter chauvinistischer Zug unseres chauvinistischen Sprachgebrauchs).

**STOP** Seien Sie so charmant Sie wollen – wenn und solange Sie dabei faktenbasiert und zielorientiert verhandeln. Charme kann Verhandlungen und überzeugende Argumente ergänzen, kann und darf sie aber nie ersetzen.

Eine ganz andere Frage ist natürlich, warum Frauen immer noch so oft auf den männlichen Charme hereinfallen. Aber, wie gesagt, das ist eine *andere* Frage …

## Check-up: Was steht an?

Da Frauen zu wenig (hart) verhandeln, schleppt fast jede von uns (unbemerkt) einen Berg unaufgearbeiteter Verhandlungsaufgaben mit sich herum – zusätzlich zu dem Üblichen, das sowieso immer liegen bleibt. Die Frage aber ist doch: Sollte ich dieses Liegengebliebene nicht neu priorisieren? Vielleicht ist das Verhandeln mit dem Chef um eine Teilnahme an einer Weiterbildungsveranstaltung langfristig wichtiger, als die Ablage aufzuräumen? Meine Frage daher: Woraus besteht Ihr Berg? Sie dürfen jetzt stöhnen und sich genervt an die Stirn fassen. Vielleicht ist Ihr Berg inzwischen auch so monströs angewachsen, dass Sie ihn gar nicht in voller Schönheit anschauen wollen. Dann schauen Sie nur auf die ersten zwei, drei Felsblöcke des Bergs. Notieren oder denken Sie:

*Aufgaben so aufbereiten, dass sie uns besser entsprechen*

 Wo gehe ich gerade oder seit Längerem Verhandlungen aus dem Weg? Wo und mit wem habe ich Fragen oder Probleme offen, die ich eigentlich verhandeln sollte? Beruf? Beziehung? Kinder? Gehalt? Kollegen? Kunden? Lieferanten? Banken? Mitbewohner? Ämter? Lehrer von Kindern? Steuerbehörde? Krankenkasse? Hier ist Platz zum Notieren. Falls der Platz nicht reicht, nehmen Sie ein Blatt Papier oder besser gleich PC oder Notebook. Bitte füllen Sie erst einmal nur die erste Spalte aus.

| Anlass | Blockade | Integration oder Minimallösung |
|---|---|---|
| ...................... | ...................... | ...................... |
| ...................... | ...................... | ...................... |
| ...................... | ...................... | ...................... |
| ...................... | ...................... | ...................... |
| ...................... | ...................... | ...................... |
| ...................... | ...................... | ...................... |

In einem zweiten Durchgang ordnen Sie jedem Anlass Ihre spezielle Verhandlungshemmung zu und in einem dritten jedem Sekundärnutzen der Blockade eine Integrationsmöglichkeit. Lassen Sie sich Zeit.

**Schalten Sie die innere Kritikerin ab!**

Nehmen Sie die Aufgabe als Einladung, in aller Ruhe und sehr konstruktiv über Ihre inneren Bremsen und Verstrickungen nachzudenken. Lernen Sie dabei auch, sich nicht über diese Bremsfaktoren zu ärgern. Denn damit untergraben Sie Ihr Selbstwertgefühl. (Was nützen Ihnen schöne Kleider und perfektes Make-up, wenn Ihr Selbstwertgefühl schwächelt?) Lernen Sie, sich einfach mal näher kennenzulernen. Schätzen zu lernen. Auch mit Ihren kleinen Schwächen. Ihre Blockaden verfolgen wichtige Ziele und Nutzen. Also gehen Sie rücksichtsvoll und dankbar mit ihnen um.

Die Übung ist nicht ganz ohne. Emotionen kommen hoch und wühlen auf. Vor allem wenn wir dabei Sachen in unserem Keller entdecken, die da schon so lange modern. Doch nach der ersten Belastung folgt die große Entlastung: Es bewegt sich was! Wir nehmen unsere Blockaden endlich, endlich wahr. Das tut ihnen und uns gut. Wir packen an. Bitte aber nicht gleich den größten Brocken. Suchen Sie sich für Ihre erste Verhandlung bitte einen ganz kleinen Anlass aus. Nein, nicht den, an den Sie gerade denken. Sondern einen noch kleineren. Er ist klein genug, wenn Sie dabei denken: »Na, ist der nicht ein klein wenig zu klein?« Wenn Sie das

denken, hat er die richtige Größe. Und dann legen Sie los. Gehen Sie in die Verhandlung. Wenn Sie sich vorher noch in den folgenden Kapiteln Rat holen wollen, tun Sie das. Ihr Verhandlungsanlass läuft Ihnen nicht weg. Ich passe solange auf ihn auf.

# Ich verhandle mit mir

Wollten Sie nicht eigentlich mehr für Ihre Gesundheit tun? Sich mehr bewegen? Gesünder ernähren? Nicht so viel … ? Und weniger …? Warum tun Sie es nicht (ausreichend), obwohl Sie genau wissen, wie gut es Ihnen tun würde? Oje, oje.

**STOP** Hören Sie auf, sich Selbstvorwürfe zu machen oder auf eiserne Disziplin und die Überwindung des inneren Schweinehundes zu setzen. Das funktioniert alles nicht, wie jede Frau auf dieser Welt schon mal festgestellt hat, die abnehmen wollte (weniger Geld für Schuhe ausgeben, nicht immer die falschen Männer aufgabeln …).

Es wundert mich immer wieder, dass Frauen so unzufrieden mit sich selbst sind, sich oft jahrzehntelang bessern wollen, dabei alles Mögliche probieren, nur das Nächstliegende nicht: verhandeln.
Wenn Sie sich selbst schnell, einfach, ohne große innere Widerstände, nachhaltig und wirksam selbst ändern wollen oder endlich das erreichen wollen, woran Sie schon so lange gescheitert sind, ist die innere Verhandlung die beste, oft die einzige Lösung.

*Die innere Verhandlung*

 Natascha ist Geschäftsführerin eines Familienunternehmens. Noch nie war sie bei einer Schulaufführung oder einem Fußballspiel ihrer Kleinen dabei. Immer kam etwas »Geschäftliches« dazwischen. Sie nimmt es sich zwar jedes Mal ernsthaft vor, doch meist telefoniert sie in letzter Minute ab: »Michael, geh du mit der Kleinen.«

Michael macht das (und trifft dabei jede Menge Mütter im besten Alter). Auf der einen Seite das Wohl und Wehe von 370 Mitarbeitern, auf der anderen das Wohl einer Zehnjährigen. Natascha ist hin- und hergerissen. Als Businessfrau müsste sie eigentlich erkennen: Das ist eine typische Verhandlungssituation. »Das habe ich jahrelang einfach nicht wahrhaben wollen«, sagt sie. Als sie endlich die Situation als Verhandlungssituation erkennt, lädt sie beide »Parteien« an einen Tisch.

Die innere Verhandlung ist eines der erfolgreichsten Veränderungsinstrumente, das Menschen einsetzen können. Schon Goethe sagte: »Zwei Seelen wohnen, ach, in meiner Brust.« Was Goethe nicht sagte (aber sehr gut kannte): Beide müssen verhandeln! Dazu identifizieren wir zunächst einmal die einzelnen inneren Parteien. Das sind oft mehr als zwei. Deshalb nennen die Amerikaner das auch »Parts Party«: eine Verhandlungsparty mit allen beteiligten inneren Persönlichkeitsanteilen. Und dann lassen wir die einzelnen Teile miteinander verhandeln.

Bei Natascha verhandeln ihr Geschäftssinn und ihr Familiensinn miteinander. Immer wieder muss Natascha als Moderatorin dazwischengehen, weil die beiden sich schon so lange böse beharken, dass der Ton in der Verhandlung superzickig ist. Erst als sie beiden droht, benehmen sie sich – und kommen zu einer Lösung, mit der beide einverstanden sind. Beim nächsten Fußballheimspiel der Kleinen steht Natascha am Spielfeldrand. Zwar nicht vom Anpfiff an (das war die Bedingung ihres Geschäftssinns). Aber mit Anpfiff der zweiten Halbzeit (damit ist ihr Familiensinn einverstanden). Natascha sagt: »Ich weiß nicht, wer von uns beiden erleichterter war, dass ich am Spielfeldrand stand: meine Kleine oder ich. Ich bin so froh, endlich den Zwist in mir beigelegt zu haben.«

Um noch einmal Goethe zu zitieren: »Das höchste Glück ist die Persönlichkeit, mit sich selbst eins zu sein.« Dieses höchste Glück erreichen Menschen nur dann, wenn sie die oft widerstreitenden Teile ihrer Persönlichkeit integrieren. Das geht nur mit Verhandlun-

*Verhandeln braucht und bringt Selbstwertgefühl*

gen. Das wusste Goethe. Das wissen auch wir. Wir tun es nur so selten. Wer spricht gerade in Ihrem Inneren zu Ihnen? Wie viele sind Sie? Wer? Welche? Was sagen Ihre Persönlichkeitsanteile? Lassen Sie sie verhandeln. Auch jetzt. Die innere Verhandlung ist nie zu Ende. Ich muss also immer wieder neu verhandeln und neu integrieren. Aber je öfter ich es tue, desto öfter wird es zur guten Gewohnheit und damit auch leichter.

# Zicken sind Frauen, die verhandeln

**z.B.** Neulich war eine Managerin bei mir, die eine besonders hartnäckige Verhandlungshemmung mit sich herumschleppte. Gewiss, sie verhandelte, wie es in ihrer Position (Abteilungsleitung) üblich war. Doch sie war alles andere als zufrieden mit sich: »Ich lasse einfach zu viele Potenziale offen, hole nicht das Optimum heraus. Ich fürchte, das Topmanagement sieht das.« Sie ist hochintelligent und war von sich aus auf etliche innere Blockaden gekommen, die wir nach und nach ausräumten. Doch irgendwie merkten wir beide: Das ist nicht alles. Im Dunkel des Unterbewussten schlummert ein ganz dicker Hund. Zähes Nachforschen ergab: Vor ungefähr fünf Jahren hatte sie als »junges Ding« ziemlich erfolgreich mit einem Vorstand verhandelt. Sie konnte den Vorstand in vielen Punkten für ihre Position gewinnen. Als sie hoch erfreut ihr Unterlagen zusammenpackte, guckte der ältere Herr sie durchaus wohlwollend an und sprach etwas aus, das unter Männern möglicherweise ein Kompliment ist: »Alle Achtung, wer hätte das gedacht. In einer harten Verhandlung können Sie eine richtige Zicke sein.« Hätte er ihr ins Gesicht geschlagen, hätte sie das kaum härter treffen können.

Dieser Mann, ahnungslos wie Männer sein können, hat messerscharf eine der schlimmsten Frauenängste getroffen. Frauen wollen gemocht werden. Sie wollen keine Zicke sein. Um den Vorstand in Schutz zu nehmen: Hätte er einem Mittelmanager mit Ambitionen gesagt: »Alle Achtung, in harten Verhandlungen können Sie ein richtiges Arschloch sein«, dann hätte dieser das durchaus als das Kompliment aufgefasst, als das es gedacht war. Frauen dagegen fühlen sich zutiefst getroffen (und entwickeln in Konsequenz oft eine Verhandlungsblockade, deren Anlass seinerseits verdrängt wird). Und das ist noch nicht einmal das größte Problem daran. Das größte Problem ist:

 Frauen, die verhandeln, werden bestraft.

Das ist der tiefere Grund, warum Frauen wenig und wenig erfolgreich verhandeln. Sie wissen zwar, dass sie häufiger verhandeln müssen. Doch sie fürchten, dafür bestraft zu werden. Zu Recht, wie die Wissenschaft herausfand.

## Frauen werden bestraft, wenn sie verhandeln

*Verhandlungs-*
*faule Frauen?*

Dass Frauen auf der ganzen Welt deutlich weniger verdienen als Männer in derselben Position, ist bekannt. Bekannt ist ebenfalls, dass sie trotz dieser offensichtlichen und lange schon bekannten Ungerechtigkeit weniger oft, vehement und erfolgreich um Gehaltserhöhung verhandeln als Männer. Und das gilt auch für jede Menge anderer Verhandlungsanlässe. Warum? Sind Frauen verhandlungsfaul?
Linda Babcock und ihre Forscherkollegen von der amerikanischen Carnegie Mellon University wollten den wahren Grund finden. Was sie aufdeckten, lässt sich auf sämtliche Verhandlungsgegenstände übertragen – bis hinein in den privaten Bereich.

Zunächst einmal fand Babcock heraus: Frauen haben nach eigenem Bekunden mehr Angst vor Verhandlungen als Männer. Sie fand auch heraus: Frauen sind nicht größere Angsthasen als Männer. Die größere Angst der Frauen ist vielmehr berechtigt. »Frauen werden stärker bestraft als Männer, wenn sie verhandeln«, berichtet Babcock. »Menschen nehmen Frauen, die verhandeln, als weniger sympathisch wahr. Wenn sie in einem Vorstellungsgespräch verhandeln, sinkt ihre Chance auf den Job.« Wenn Männer verhandeln, sinkt sie nicht. Im Gegenteil. Männer werden als willensstark wahrgenommen, wenn sie verhandeln.

Nehmen wir Maggie Thatcher, die legendäre britische Ex-Premierministerin. Alle, die sie kennen, sprechen voll Hochachtung von einer hochintelligenten Lady und freundlichen, aber bestimmten Gesprächspartnerin. Warum hat sie in der Öffentlichkeit einen so schlechten Ruf? Weil sie sehr zielstrebig verhandelte. Und Frauen, die verhandeln, werden übel beleumundet.

Das Erschütternde an Babcocks Studienergebnissen jedoch ist: Dass Männer Frauen bestrafen, die verhandeln, mag noch einleuchten. Doch selbst Frauen bestrafen Frauen, die verhandeln. Es ist kein wirklicher Trost, dass Frauen auch Männer bestrafen, die verhandeln (was wiederum erklärt, warum sie selbst wenig verhandeln).

 Das muss man/frau sich auf der Zunge zergehen lassen: Frauen im 21. Jahrhundert betrachten Verhandeln, das zentrale Kommunikationsinstrument der modernen Marktwirtschaft, als etwas Unfeines, Sanktionswürdiges!

Das ist ungefähr so, als wenn Frauen sagen würden: »Geld, igitt, wer braucht das schon?« Auch ich halte Geld nicht für das Allerwichtigste auf der Welt. Aber ich bestrafe niemanden, der es benutzt! Weil es die Luft zum Atmen in einer Marktwirtschaft ist! Ob mir das nun passt oder nicht.

Was die Wissenschaft jetzt offiziell bestätigte, erleben Frauen schon seit Jahrtausenden: Verhandelt eine Frau, wird sie bestraft. Kein Wunder, dass selbst Topmanagerinnen sich schwertun mit Verhan-

Die übliche Doppelmoral: Männer gelten als stark, wenn sie verhandeln, Frauen als zickig

deln und »normale« Frauen oft ganz die Finger davon lassen. Doch genau das ist die falsche Schlussfolgerung aus Babcocks Studien – wie die Forscherin übrigens selbst vehement betont:

> **STOP** Dass Sie sozial und beruflich bestraft werden, wenn Sie verhandeln, heißt nicht, dass Sie *nicht* mehr verhandeln sollten!

Inzwischen kennen Sie das Spiel: Sie möchten verhandeln. Aber Sie möchten nicht dafür bestraft werden. Wie erreichen Sie das? Indem Sie das eine in das andere integrieren. Indem Sie auf eine Art und Weise verhandeln, die *nicht* bestraft wird. Auf die typisch weibliche Art eben, die Sie in diesem Buch kennenlernen. Und die ist relativ einfach und kompakt:

> Frauen, die verhandeln, werden *nicht* bestraft, wenn sie »harmonisch« verhandeln.

Aber Vorsicht: »harmonisch« bedeutet nicht nachgiebig oder weich. Denn wer umfällt, seine Position aufgibt, seine Interessen verrät, wird zwar ebenfalls nicht bestraft – aber verzichtet eben auch auf seine Interessen. Ohne Not.

»Harmonisch« bedeutet vielmehr: nicht aggressiv oder bedrohlich, nicht mit Anspruchshaltung, nicht besserwisserisch oder rechthaberisch, nicht zickig, nicht klagend oder anklagend.

»Harmonisch« verhandeln bedeutet: wertschätzend, vorwurfsfrei, nicht-direktiv, hartnäckig fragend, mit Vorschlägen statt mit Forderungen, beziehungsfreundlich, sympathisch und auch mal charmant, konsequent, ehrlich, emotional und nachvollziehbar.

Und wenn mit jedem Adjektiv Ihr Gesicht eben länger wurde, darf ich Sie zu Ihrer Einsicht beglückwünschen: Viele Frauen meinen zwar, genauso zu verhandeln. Doch sie tun es nicht. Sie machen Vorwürfe, ohne es zu merken. Sie tragen eine Anspruchsmentalität vor sich her, ohne es zu wollen oder zu merken. Es ist paradox,

Der richtige Stil: wendig, weiblich, wirksam

doch der »typisch weibliche« Verhandlungsstil wird von den wenigsten Frauen beherrscht. Sie müssen ihn erst lernen. Zum Beispiel auf den folgenden Seiten.

 Doch bevor Sie mir jetzt böse sind, dass ich Sie vertröste und Ihnen ein Mangelbewusstsein einrede: Jede Frau beherrscht bereits kleine Komponenten des wei(bli)chen Verhandlungsstils. Auch Sie. Bitte versuchen Sie, sich an (auch kleine) Verhandlungen zu erinnern, bei denen Sie bekamen, was Sie sich vornahmen, und Ihr Gegenüber mit einem Lächeln zufrieden aus der Verhandlung ging, weil Sie auch seine Interessen (seinem Bekunden nach!) gewahrt haben. Wenn Sie sich nicht *erinnern* können, malen Sie sich so eine Verhandlung in groben Zügen aus. Was würden Sie sagen? Wie würden Sie es sagen?

Sehen Sie? Sie können sich den weichen, weiblichen und wirksamen Verhandlungsstil schon recht gut vorstellen. Nehmen wir diese erste vage Vorstellung und bauen wir sie auf den folgenden Seiten zu einer wunderschönen und wirksamen Stilreife aus.

# 2  Ich entdecke meine Stärke!

*Nur jene, die stark sind,*
*sind wahrer Sanftmut fähig.*
*Die da sanft scheinen,*
*sind gewöhnlich bloß schwach*
*und werden leicht verbittert.*
La Rochefoucauld

## Wer verhandelt am besten?

Was glauben Sie, wer ist erfolgreicher in Verhandlungen? Die Nachgiebigen? Oder die Beharrlichen?

Die meisten tippen auf die Beharrlichen – 100 Punkte für die Kandidatin! Sind Sie beharrlich? So ausdauernd wie nötig, wie Sie sich das wünschen, wie es Verhandlungssituationen von Ihnen verlangen? Warum nicht?

Es gibt eine relativ einfache Antwort darauf, die mit einem einzigen Wort auskommt: Selbstwertgefühl. Ich merke das an meinen eigenen Launen: Wenn ich gut drauf bin, bleibe ich am Ball, verfolge beharrlich meine Interessen und schütze die der anderen, immer freundlich, immer hart am Wind. Wenn ich mich dagegen mies fühle … fangen wir lieber nicht damit an.

Wer wenig Selbstwertgefühl hat, gibt zu schnell nach oder wird zickig

 Die innere Stärke bestimmt die äußere Verhandlungsstärke.

Das zeigt sich auch bei der nächsten Dimension erfolgreichen Verhandelns: Wer verhandelt erfolgreicher? Die Unterwürfigen? Oder die Dominanten? Wenn zwischen beiden Eigenschaften eine Skala gezeichnet würde, wo würden Sie Ihr Kreuzchen machen? Einmal für den »Idealpunkt« auf dem Doppelpfeil? Zum anderen für Ihr eigenes Verhandlungsverhalten?

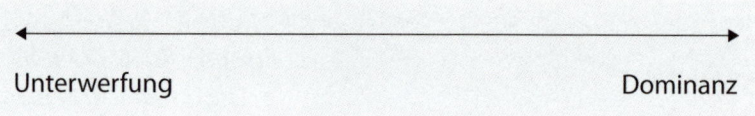

Viele (Männer) machen das Optimalkreuz weit oder ganz rechts. Frei nach dem Motto des bayrischen Armdrückens: »Der Dominante obsiegt! Der Stärkere gewinnt!« Das Motto ist Käse. Denn wer dominant auftritt, provoziert Reaktanz: Widerstandsverhalten. Nur der innerlich Starken gelingt die Balance zwischen Unterwerfung und Dominanz, das heißt auch der richtige Umgang mit Macht.

**Unterwerfung oder Aggression**

Das Resultat ist Kampf, kein Erfolg. Wieder erkennen wir die unmittelbare Verbindung zum Selbstwertgefühl: Wer ein schwaches hat, tendiert zur Unterwerfung (»weibliche« Reaktion) oder zur Aggression (»männliche« Reaktion). Das erklärt auch, warum Männer Macht oft missbrauchen: Sie kaschieren ihre innere Schwäche mit einer anderen Kompensationsstrategie als Frauen. Machtmissbrauch ist die Kompensation schwacher Männer. Die Diktatoren der Menschheitsgeschichte müssen sich innerlich superwinzig gefühlt haben … Noch eine Testfrage?

Mit welcher Verhandlungsatmosphäre gelangen Sie eher zum Erfolg?

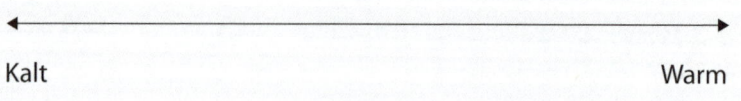

Viele (wiederum Männer) tippen auf »eher kalt«. Schließlich ist das Gegenüber der Verhandlungsgegner, der einem nicht gönnt, was einem zusteht! Dem muss man nicht schöntun. Dem muss man »selbstbewusst« gegenübertreten – wobei erstaunlich viele Frauen und vor allem Männer darunter »kalt und unfreundlich« verstehen. Das ist ein verständlicher Irrtum. Das Gegenteil ist der Fall: Selbst »scharfe Hunde« werden in einem warmen Gesprächsklima verträglich(er).

**z.B.** Dazu gibt es eine schöne Geschichte von den frühen Nahost-Verhandlungen: Als Israelis, Ägypter und die vermittelnden Amerikaner sich mal wieder mit Karacho festgefahren hatten, das Klima am Gefrierpunkt angelangt war und die Parteien eine kurze Kaffeepause einlegten, zog einer der Amerikaner beim Pausenkaffee Bilder seiner Enkel aus der Brieftasche. Die Ägypter und Israelis schauten sich andächtig die Bilder an, man kam ins Gespräch, diskutierte Kinderkrankheiten und die Frage der besten Ausbildung für die Kleinen. Wie wir wissen, waren die Friedensgespräche ein Erfolg. Das lag nicht (nur) an den überzeugenden Argumenten. Das lag an der warmen, menschlichen Atmosphäre der Peace Talks.

*Das Klima ist so wichtig wie die Argumente*

Folgerichtig tendieren meist Menschen mit einem schwachen Selbstwertgefühl zu einem abgekühlten Beziehungsklima. Die Sichere, Souveräne möchte Menschen lieber gut und warm behandeln – und wird mit Erfolg belohnt. Doch Vorsicht:

**STOP** Viele Frauen verwechseln Beziehungswärme mit Nachgeben. Das ist eine Wärme, die nur den wärmt, der nicht nachgibt.

Letzte Frage: Welches Verhandlungsverhalten führt eher zum Erfolg?

| | |
|---|---|
| fixiert auf eigenem Stand-punkt, eigener Strategie | flexibel, offen, anpassungsbereit |

**Das flexiblere Element steuert das System**

Die Frage ist die schwerste von allen. Denn viele Menschen meinen, sie seien umso erfolgreicher, je stärker sie in Verhandlungen ihrer Linie treu bleiben, sich nicht beirren lassen, felsenfest ihren Kurs verfolgen. Das ist so einleuchtend wie falsch. Selbst beim Segeln gilt: Wer stur seinen Kurs verfolgt, steuert irgendwann gegen den Wind – und kommt nicht voran. Gerade die Segler haben das Kreuzen erfunden: Das Zickzack-Fahren um den eigentlichen Kurs herum.

Die Troubleshooterin eines Konzerns drückte das mal sehr schön aus: »Wenn ich mit Regierungen oder Konzernlenkern verhandle, dann kommen die mir manchmal vor wie Supertanker, die 30 Seemeilen brauchen, um zu wenden. Ich bin eher ein kleines Sportboot. Viel weniger PS. Aber ich wende auf einem Pizzateller.«

**Wer stark verhandeln möchte, braucht ein starkes Selbstwertgefühl**

Die Frau klingt ganz schön stark? In der Tat. Sie hat ein tolles Selbstwertgefühl. Deshalb kann sie flexibel auf die unterschiedlichsten Verhandlungssituationen, Verhandlungspartner und Argumente eingehen. Und falls es noch nicht klar (genug) geworden sein sollte:

 So gut wie jeder Erfolgsfaktor bei Verhandlungen erfordert ein starkes Selbstwertgefühl.

Aber das haben Sie sicher selbst schon bemerkt.

# Innere Stärke bringt äußere Stärke

Ich kann gar nicht genug Gutes über ein starkes Selbstwertgefühl sagen. Ich werde es trotzdem versuchen und sicher werden Sie mir zustimmen. Ein starkes Selbstwertgefühl

- ❑ ist allein dafür schon vonnöten, dass wir Verhandlungssituationen überhaupt erst als solche erkennen;
- ❑ lässt uns schneller, leichter und stärker in Verhandlungen gehen;
- ❑ hilft uns enorm bei der Verhandlungsvorbereitung;
- ❑ verleiht uns in der Verhandlung Flügel (dass das ein Koffeindrink erreichen könnte, darauf kann auch nur ein Mann kommen);
- ❑ macht einfach ein gutes Gefühl;
- ❑ ist nötig, damit wir in der Verhandlung gut mit uns und mit dem Partner umgehen;
- ❑ lässt uns erst die Gratwanderung bestehen zwischen bestimmter, klarer und unmissverständlicher Ausdrucksweise einerseits und beziehungsorientiertem, sympathischem Auftreten andererseits;
- ❑ befreit uns von negativen Glaubenssätzen wie »Der hört mir ja doch nicht zu!«, und lässt uns eine konstruktive, wertschätzende Einstellung annehmen;
- ❑ schützt uns davor (wie so oft zu beobachten), unsicher zu lächeln und Kompromisse einzugehen, die wir eigentlich nicht eingehen möchten;
- ❑ schützt uns davor, bei den ersten Angriffen gleich die Zicke, Hyäne, Megäre, Xanthippe (warum gibt es so tolle Bezeichnungen nicht auch für Männer?) zu spielen.

*Ist ein starkes Selbstwertgefühl nicht wunderbar?*

Sie sind nach dieser euphorisierenden Aufzählung so enthusiastisch wie ich? Wie lange? Ich zähle die Sekunden: eine, zwei … und schon sagt die Stimme im Hinterkopf: »Ach Mädel, du hast doch schon im Alltag so ein schwaches Selbstwertgefühl, dass die Kosmetikin-

dustrie es bereits mit untauglichen Sprüchen wie ›Weil Sie es sich *wert* sind‹ aufzupolstern versucht.« Stimmt leider. Heißt aber nur:

> **STOP**  Wenn Sie (er)warten, dass Ihnen Make-up, Schmuck, schöne Kleider, der Märchenprinz, der richtige Partner oder die richtige Stimmung das nötige Selbstwertgefühl verleihen, werden Sie möglichweise warten, bis Sie alt und grau sind.

Es gibt nur eine einzige Möglichkeit, ein starkes *Selbst*-Wertgefühl aufzubauen: Frau muss es *selbst* machen. Wie?

## Ich stärke das Beste in mir

Wenn Sie übrigens glauben, dass die schicken Topmanagerinnen in ihren makellosen Nadelstreifenanzügen ein eingebautes Selbstwertgefühl haben – ich lache später drüber! Es gibt keine Frau (und keinen Mann – aber die reflektieren das selten), die *nicht* unter einem zumindest zeitweilig schwachen inneren Selbstwert leidet. Der Unterschied zwischen starken Frauen und weniger starken ist ein anderer: Starke Frauen können ihr Selbstwertgefühl selber wieder aufbauen. Relativ schnell. Und sehr wirksam. Wie? Schauen wir uns einige Möglichkeiten an. Damit Sie eine Auswahl haben. Beginnen wir mit dem Einfachsten. Mit dem, was Sie ohnehin schon können: Reden.

  Reden Sie sich gut zu!

Was verletzt, vermindert das Selbstwertgefühl!

Das tun wir doch alle? Aber wie! »Schluck doch nicht immer alles runter! Mach doch auch mal den Mund auf!« Ja, so reden wir mit uns. Würden Sie so mit Ihrer besten Freundin reden, dem eigenen Kind? Blöde Frage. Denn genauso reden jene mit Freundin und

Kind, die ein schwaches Selbstwertgefühl haben: anklagend, (ungewollt!) herabsetzend, vorwurfsvoll, verletzend, destruktiv, hämisch, ungeduldig, enttäuscht, fordernd. Das Schöne daran: Selbstwertgefühl und innerer Dialog sind interdependent. Der Zusammenhang ist umkehrbar: Wenn eine Person mit schwachem Eigengefühl sich nur lange und/oder intensiv genug gut zuredet, wächst auch das Selbstwertgefühl. Es ist schlimm, dass viele Frauen nicht wissen, wie das geht. Deshalb: Was heißt »sich gut zureden«? Es heißt,

- ❏ keinen Vorwurf gegen sich zu erheben,
- ❏ Verständnis sich selbst und vor allem seinen Schwächen gegenüber *zu artikulieren.*

Ich hatte mal zwei wunderbare Teilnehmerinnen im Seminar, die glatt als Bühnen-Duo hätten auftreten können. Die eine war Meisterin der Selbstwertsabotage, die andere konnte deren destruktive Sätze simultan ins Konstruktive, Selbstwertstärkende übersetzen. Hier ein kleiner Auszug:

| Die Miesmacherin | Die Aufbauerin |
|---|---|
| »Gut verhandeln ist so schwierig!« | »Was würde es einfach, leichter für dich machen?« |
| »Ich rede immer so kompliziert! Kein Wunder, dass ich schlecht verhandle!« | »Du kannst auch Komplexes treffend artikulieren. Mach es nur ein wenig einfacher und jeder versteht es.« |
| »Sie hört mir einfach nicht zu!« | »Was kannst du sagen, probieren, signalisieren, damit sie dir zuhört?« |

Aktivieren, trainieren und optimieren Sie Ihren inneren Dialog!

| | |
|---|---|
| »Ich werde immer so schnell wütend!« | »Ich mag deine Emotionalität. Wenn du schnell wütend wirst, wirst du auch schnell versöhnlich. Wie schön für deine Verhandlungspartner.« |
| »Aber ich muss nächste Woche den Millionen-Deal mit X abschließen!« | »Vielleicht musst du das wirklich. Aber ich merke, dass du es noch viel stärker *willst*. Dieser Wille wird dir helfen.« |

Wäre es nicht schön, wenn Sie so eine gute, aufbauende, selbstwertstärkende Freundin immer bei sich haben könnten? Das können Sie. Sie haben sie schon. Sie ist der einzige Mensch, der immer für Sie da sein wird. Je öfter Sie ihr eine Chance geben, Ihnen gut zuzureden, desto tiefer und fruchtbarer wird Ihre Freundschaft werden. Fangen Sie heute damit an. Besser: jetzt. Was sagt sie? Vielleicht hören Sie nur noch nicht richtig zu: Was sagt sie jetzt?

## Stark ist stark vorbereitet

**Stolperstein Harmoniegedanke**

Warum nur gehen Frauen so oft unvorbereitet in Verhandlungen? Weil sie annehmen, dass »man sich schon einigen wird«. Der Harmoniegedanke bestimmt ihr Handeln. Der Harmoniegedanke in der westlichen Gesellschaft wurde 2000 vor Christus abgeschafft.

 **Tipp** Eine gute Vorbereitung ist die beste Nahrung für Ihr Selbstwertgefühl!

Die Chefeinkäuferin eines Kosmetik-Unternehmens erzählte mir: »Als junges Ding war ich vor jedem Lieferantengespräch so aufgeregt. Das hat sich an dem Tag ein für alle Mal gegeben, als ich

die Nacht durchpaukte, um alles, aber auch wirklich alles über meinen nächsten Gesprächspartner in Erfahrung zu bringen. Als wir uns gegenübersaßen, merkte ich mit jedem Wort: Mensch, ich weiß ja mehr über deine Firma als du selbst!«

Sie zählen aber zu den Frauen, die gut und gern 100 Stunden vorbereiten können und dabei mit jeder Stunde nur noch nervöser werden? Wie schön. Dann hilft Ihnen ein anderer Selbstwert-Booster in diesem Kapitel. Auswahl haben Sie ja genug. Ihr Selbstwertgefühl kommt nämlich nicht von der Stange. Es ist individuell auf Sie abgestimmt. Also braucht es auch individuelle Rezepte. Suchen Sie ein anderes. Bis eines passt. Wie wäre es mit der BATNA?

# Die beste Freundin BATNA

Evelyn braucht einen Abschluss, dringend. Sonst geht ihr Jahresbonus flöten. Sie verhandelt mit einem Interessenten nach dem anderen. Keiner beißt an. Warum wohl nicht? Richtig, weil Evelyn den Abschluss *braucht*, das heißt gezwungen ist. Zwänge aber reduzieren das Selbstwertgefühl schneller als die Aprilsonne einen Schneemann. Evelyn wirkt mangels Selbstwertgefühl angespannt und ungeduldig. Das verunsichert die Interessenten. Und verunsicherte Interessenten kaufen nicht. Ihr Selbstwertgefühl ist im Keller, deshalb macht sie auch noch Fehler. Glücklicherweise fällt ihr nach der dritten erfolglosen Verhandlung die BATNA ein, die Best Alternative to a Negotiated Agreement, die beste Alternative zu einem Verhandlungsabschluss, die aus dem Harvard-Business-Verhandlungskonzept stammt. Sie sucht diese Alternative: »Was passiert, wenn ich keinen Abschluss mehr mache? Das wäre schlimm. Aber dann hole ich mir mit doppeltem Einsatz spätestens nächstes Jahr meinen Bonus.« Dieser Gedanke löst die erhoffte befreiende Wirkung aus.

Gewiss: Uns erscheint es rätselhaft, dass sich jemand wegen eines Ski-Urlaubs unter massiven Druck setzen kann. Doch das ist Druck

Die beste Alternative zum Verhandlungsabschluss

generell: Interindividuell nur schwer nachvollziehbar. Es reicht, dass ein Gedanke Sie unter Druck setzt. Druck hat einen äußeren Auslöser, aber einen inneren Grund. Er ist sozusagen hausgemacht. Also muss die Lösung auch hausgemacht sein.

**Druck ist hausgemacht**

Befreien Sie sich von diesem Druck, indem Sie eine Alternative für den schlimmsten Fall ausdenken, mit der Sie einigermaßen gut leben können.

## Was ist es Ihnen wert?

Wie war das noch? Warum sollten Sie sich diese französische Hautcreme ins Gesicht schmieren? Richtig: »Weil Sie es sich wert sind.« So absurd der Spruch im Zusammenhang mit Kosmetik ist, so sinnvoll und wirksam ist er im Zusammenhang mit dem Selbstwert.

Fragen Sie sich: Okay, ich habe Hemmungen, hartnäckig zu verhandeln. Was ist mir mein Wunsch, für den ich verhandeln möchte/müsste/sollte, eigentlich wert? Wie weit bin ich bereit, dafür zu gehen?

Es reicht nicht, zu wissen, was Sie wollen (Interesse). Sie müssen auch herausfinden, was es Ihnen wert ist. Die Antwort darauf hat oft verblüffende Wirkung.

Viele Frauen sagen: »Beim genaueren Nachdenken stelle ich fest, dass mir mein Wunsch doch nicht so viel wert ist, wie ich dachte.« Dann macht es ihnen nichts, wenn sie nicht verhandeln oder dabei keinen Erfolg haben.

Andere sagen: »Je mehr ich darüber nachdenke, desto mehr wird mir das wert!« Und sie bemerken plötzlich, dass sie ihr Interesse unter Wert verkauft haben. Das motiviert, ernsthaft und mit Nachdruck zu verhandeln. Diese Motivationswirkung können Sie noch steigern, indem Sie sie ritualisieren. Ritualisierte Motivation ist doppelte Motivation.

Beispiele für Rituale

Ritualisierte
Motivation

❑   akustisch: »Ich bleib dran!«
❑   visuell: Ich sehe mich beim Handschlag nach dem Verhandlungserfolg.
❑   taktil: Kreuz gerade oder Muskeln anspannen oder tiefer atmen oder Augen zusammenkneifen (oder jede Kombination dieser Elemente).

Am besten wirkt Ihre ganz persönliche Kombination aus akustischen, visuellen und taktilen Ritualelementen. Full Sensory Representation, sagt die Fachfrau dazu.

Als Rituale eignen sich akustische, visuelle oder taktile Signale, die wiederholt werden können.

Celine zum Beispiel sagt immer dann, wenn sie den wahren Wert ihrer Interessen erkannt hat: »Und dafür verhandle ich jetzt aber. Das ist es mir wert!« Das ist ihr Ritualsatz, bei dem ihr Selbstwertgefühl spürbar Sprünge macht. Daniela ist eher ein Yoga-Typ. Wenn sie vor wichtigen Verhandlungen, ja schon bei der Vorbereitung dafür ihr Selbstwertgefühl aufbauen will, geht sie in sich, macht Bauchatmung und spürt »die Ruhe in mir«. Wenn Sie das für etwas kindisch halten, haben Sie das Wesen der Selbstwertpflege erfasst: kindisch, trivial, unverständlich oft – außer für diejenige, der das Rezept hilft wie kein anderes. Christel ist ein visueller Typ: Sie malt sich vor dem geistigen Auge aus, wie sie dem Verhandlungspartner nach erfolgreicher Verhandlung die Hand schüttelt und ihm für das konstruktive Gespräch dankt. Das richtet ihr Selbstwertgefühl auf wie nichts anderes.

Welcher Typ sind Sie? Welchen Sinn bevorzugen Sie? Was stärkt Ihr Selbstwertgefühl am besten? Basteln Sie sich etwas Schönes zusammen. Ja, das macht Arbeit. Warum eigentlich investieren wir in alles Mögliche so viel Aufwand und in uns selbst so wenig? (Schminken, Shoppen und Frisieren zählen nicht, weil deren Wirkung auf das Selbstwertgefühl minimal und nur kurzfristig ist!)

# Lernen, sich selbst zu schützen

Ich wundere mich immer, wie schnell selbst erfahrene Managerinnen sich aus der Ruhe bringen lassen, sichtlich die Fassung verlieren, mühsam schlucken. Das beginnt schon in der Vorbereitung. Neulich gingen eine Managerin und ich zu gemeinsamen Verhandlungen über den Gang zum Sitzungssaal, als sie sagte: »Boah, leicht wird das nicht.« Ich blieb wie angewurzelt stehen und sagte: »Das stimmt. Aber wenn Sie mit dieser Einstellung verhandeln, brauchen wir gar nicht erst reinzugehen.«

*Welches Mantra gibt Ihnen vor der Verhandlung Kraft?*

Mit solchen Sprüchen zerstört frau das Selbstvertrauen. Meine Partnerin meinte, das übliche »Das schaffen wir schon!« würde total ausgelutscht und unglaubwürdig klingen. »Stimmt«, sagte ich, »und wer zwingt Sie, sich mit Abgelutschtem zu motivieren? Welche positive Einstellung würde sich denn für Sie glaubhaft und kräftigend anfühlen?« Sie überlegte kurz und sagte dann: »Diesmal läuft es besser. Diesmal haben wir das bessere Konzept und jede Menge Flexibilität.« Ich brauchte nicht zu fragen, ob der Spruch wirkt, es war zu sehen: Sie hatte sich unwillkürlich aufgerichtet, ihr Gesicht hatte wieder Farbe bekommen, sie lächelte leicht, hielt ihre Unterlagen nicht mehr wie ein Schild vor dem Bauch.

 **Tipp** Zwingen Sie sich, vor Verhandlungen (und anderen Vorhaben) mindestens einen konstruktiven Leitgedanken zu fassen, den Sie voll und ganz unterschreiben können und der Ihr Selbstwertgefühl auf den richtigen Level bringt.

Viele Frauen fragen mich: »Aber was soll ich machen, wenn er/sie … sagt?« Das ist eine schlimme Frage. Denn sie enthüllt, dass Frauen zwar mit einem starken Selbstwertgefühl in eine Verhandlung reingehen, sich dort aber oft ganz schnell den Schneid abkaufen lassen.

Also: Bitte bereiten Sie sich auf alles Vorhersehbare vor, was Ihnen während der Verhandlung Stärke rauben könnte. Auf jede dumme Bemerkung, jeden Macho-Spruch, jede Panne, jede unerwartete (aber vorstellbare) Wendung.

»Ich kam mir plötzlich so klein und dumm vor«, sagen mir viele Frauen über solche unerwarteten Wendungen. Das heißt: Das Selbstwertgefühl war futsch.

 Erkennen Sie einen Angriff auf Ihr Selbstwertgefühl als solchen!

Wenn Sie sich während eines Angriffs bei dem Gedanken oder Gefühl ertappen: »Ach, ich bin ja so klein und dumm!«, sagen Sie sich mit der nötigen Anstrengung: »Nein, das bin ich nicht! Mein Selbstwertgefühl taucht nur gerade eben ab, weil das ein Angriff auf meinen Selbstwert ist!« Was sagt die innere Kritikerin daraufhin? »Aber dein Verhandlungspartner hat ja recht. Du liegst mal wieder völlig falsch!« Darauf erwidern Sie Ihrer inneren Kritikerin bitte: »Selbst wenn das stimmt – was ich nicht sage: Sag mir das doch so, dass ich mich nicht mies dabei fühle! Denn egal ob du recht hast oder nicht: Was mein Partner mit mir macht, ist immer noch ein Angriff auf mein Selbstwertgefühl!« Daraufhin entscheiden Sie:

❑ Sie können den Angriff abprallen lassen wie an einem Schild. Die Dissoziation hilft dabei: »Wenn er/sie unsachlich oder gemein wird, ist das sein/ihr Problem, nicht meines.«
❑ Sie können mit dem Schwert zurückschlagen: »Sie werden persönlich. Darf ich daraus schließen, dass Ihnen keine sachlichen Argumente mehr einfallen?«

Schön ist, wenn Sie diese Wahl der Waffen bewusst ausüben, anstatt reflexhaft und automatisch immer gleich die Verbalkeule zu zücken oder den Rückzug anzutreten, wenn Sie angegriffen werden.

*Angriffe abwehren: Schild oder Schwert?*

»Aber er/sie hat das doch nicht so gemeint!« Falsch. Wenn es Sie verletzt, ist es egal, was er/sie gemeint hat. Wenn es Sie verletzt, ist es nicht richtig und muss wie ein Angriff auf Ihr Selbstwertgefühl behandelt werden.

Was machen Frauen *nach* Verhandlungen? Richtig: sich selbst runter. »Wieso habe ich nicht …? Warum fällt mir das jetzt erst ein? Hinterher bin ich immer schlauer. Ich hätte noch mehr … Und überhaupt, warum bin ich nicht schlagfertiger, klüger, attraktiver und fünf Kilo leichter?« Bei dem Verbalbombardement, das sich Frauen ständig antun, ist es ein Wunder, dass sie noch aufrecht gehen können. Verpflichten Sie sich, sich nach einer Verhandlung (und anderen Vorhaben) fair zu behandeln:

**Behandeln Sie sich selbst ab sofort fair!**

❏ »Okay, dies und jenes lief schief, das hätte ich noch besser machen können und dies mache ich bestimmt nie wieder. Schwamm drüber. Fehler macht jeder. Viel wichtiger ist doch: …«

❏ »… Was lerne ich daraus? Was mache ich nächstes Mal wie besser?«

❏ Und noch viel wichtiger: … »Was lief gut bis sehr gut? Was werde ich also auf jeden Fall beibehalten?«

So sieht eine faire, ausgewogene, wertschätzende Beurteilung aus. Jeder Mensch hat ein Recht darauf. Auch Frauen. Auch Frauen, die sich selber beurteilen. Lesen Sie nach. Steht im Grundgesetz.

## Frauen sind nicht perfekt

Wir alle könnten glückliche, zufriedene, erfolgreiche Menschen sein – wenn wir uns selbst in Ruhe lassen könnten. Können wir aber nicht. Der schlimmste Feind der Frau ist leider oft die Frau. Genauer: ihre Verhaltensprädispositionen und Attributionen (Erklärungsmuster).

Hilke kommt gerade aus einer Verhandlung mit der Geschäftsleitung und tobt: »So ein Mist! Ich habe mich wieder breitschlagen lassen!«

Ihr versammeltes Team will wissen: »Warum? Sag! Lief es so schlecht?«

»Ja, wir müssen unser Projekt jetzt doch bis Ende Mai abliefern …«

»Aber das ist doch super! Da haben wir einen Monat länger, als die da oben zunächst wollten!«

»Ja, aber eigentlich wollten wir doch Verlängerung bis Ende Juni!«

»Spinnst du jetzt? Einen ganzen Monat länger! Das reicht doch erst mal! Das gibt uns genügend Luft.«

Es ist klar, dass Perfektionistinnen wie Hilke Menschen sind, die sich damit abgefunden haben, nie glücklich zu werden (auf den Gebieten, auf denen sie sich im Würgegriff ihrer inneren Perfektionistin befinden). Perfektionismus sabotiert nicht nur das Selbstwertgefühl, er sabotiert auch direkt die Verhandlungstechnik und das Klima: Perfektionistinnen kann man es niemals recht machen. Dahinter verbirgt sich ein Denkfehler:

Die meisten Verhandlungen bewegen sich in kleinen Schritten, über kleine Teilerfolge und marginale Verbesserungen auf ein großes Ziel hin. Die chronisch unzufriedene Perfektionistin sabotiert mit ihrer Ungeduld diese kleinen Schritte und be- und verhindert dadurch letztendlich den großen Erfolg.

**Perfektionismus verhindert den Erfolg**

Es gibt viele Methoden, sich Perfektionismus abzugewöhnen. Ich plädiere für die schnelle Lösung, weil ich weiß, dass Frauen dafür die nötige Verhaltensflexibilität und Willensstärke mitbringen:

 Nehmen Sie sich vor, ab sofort jeden (klitze)kleinen Erfolg zu sehen, ihn nach innen und nach außen zu würdigen und immer das halb volle Glas zu sehen – erst einmal in Verhandlungen, dann im Rest vom Leben.

# Negative Glaubenssätze durch konstruktive ersetzen

»Das wird wieder eine dieser Endlosverhandlungen!«, sagt Marga und guckt ganz erschrocken: »Hach, ist das wieder so ein negativer Glaubenssatz? Ja, ganz bestimmt. Also mit diesem Klotz am Bein gehe ich nicht in die Verhandlung!« Toll. Marga kann negative Glaubenssätze auf Anhieb erkennen. Das müssen viele Frauen erst lernen. Die meisten halten Glaubenssätze für Tatsachen: »Aber beim letzten Mal war es doch wirklich eine Endlosverhandlung!« Stimmt. Und wie wollen Sie verhindern, dass es diesmal eine wird? Indem Sie sich ständig vorsagen, dass das »wieder so eine Endlos-verhandlung wird«?

**Was zum Kuckuck geht in Ihrem Kopf vor?**

**Tipp** Was in Ihrem Kopf auch vorgeht, fragen Sie sich:

- ❑ Nützt mir dieser Gedanke etwas?
- ❑ Ist er faktisch richtig?
- ❑ Würde ihn eine mir wohlgesinnte Beobachterin teilen?
- ❑ Vergrößert oder verkleinert er mein Selbstwertgefühl?
- ❑ Bringt er mich meinem Ziel näher?
- ❑ Wie könnte der korrespondierende konstruktive Gedanke dazu lauten?

Marga überlegt: »Diesmal wird es keine Endlosverhandlung!« Nein, das ist zu optimistisch und vor allem zu unglaubwürdig für sie. Warum auch sollte es von allein besser werden? Nach einigen Sekunden Nachdenkens formuliert sie: »Dieses Mal kläre ich gleich zu Beginn die Interessen aller Beteiligten tiefer und klarer ab. Das verkürzt die Verhandlung enorm!« Na, das ist doch ein konstrukti-ver Gedanke. Ihr Selbstwertgefühl wächst damit und sie hat gleichzeitig eine nützliche Taktik gefunden.

# Der Wert aller Dinge

Ilka kommt aus der Verhandlung und sagt: »Wie kann die so gemein sein! Das war aber so was von unfair!« Es ist unschwer zu erraten: Ilka hat sich kleinverhandeln lassen. Weil ihre Verhandlungspartnerin »so gemein« war. Was uns stutzig macht: Wenn für Ilka »Fairness« und »Gerechtigkeit« so wichtige Werte sind, warum zieht sie sie dann erst *nach* der Verhandlung aus dem Hut? Warum macht sie sie nicht gleich zur Basis ihrer Verhandlung?

 Unsere Werte sind das Stärkste, was wir haben. Spüren Sie sie jede Minute einer Verhandlung (und den Rest vom Leben) und schützen Sie sie!

Am nächsten Tag geht Ilka nochmals zu ihrer Verhandlungspartnerin und sagt sehr selbstbewusst, weil es ja jetzt um ihre Werte geht: »Ich bin prinzipiell mit jeder vernünftigen Lösung einverstanden. Aber dass mein Budget von allen am stärksten beschnitten wird, verstößt so eklatant gegen jede Form der Kollegialität und Fairness, dass ich niemals mein Einverständnis dazu geben werde, eher friert die Hölle zu!« Ihrer unfairen Verhandlungspartnerin klappt der Kiefer nach unten. Sie sagt: »Also wenn Ihnen das soo wichtig ist …« Es wird nachverhandelt. Werte geben Kraft. Werte sind das Stärkste, was Sie haben.
Welches sind Ihre Werte? Entscheidungsfreiheit, Autonomie des Handelns, Selbstständigkeit, Gerechtigkeit, Fairness, soziale Ausgewogenheit, Leistungsgerechtigkeit …? Machen Sie sie zur Basis Ihres (Ver-)Handelns.

# Im Extremfall

Wie bewahren Sie sich auch bei schlimmsten Attacken das nötige Selbstwertgefühl? Wie gehen Sie damit um, wenn ein Verhand-

lungspartner eine Verhandlung als das Plattmachen des Verhandlungspartners auffasst? Wenn er/sie sich vorsätzlich im Ton ver-
greift, Sie attackiert, runterputzt, beschimpft, manipuliert?
»Oh Gott, das darf nicht wahr sein! Wie kann er/sie bloß so gemein
sein? Hach, ist das alles schrecklich!« Das sind auf jeden Fall die
falschen Gedanken. Weil sie die Realität leugnen.

 **Legen Sie sich ein Worst-Case-Mantra zu!**

Erinnern Sie sich an eine Verhandlung, in der es hässlich zuging.
Mit welchem Gedanken im Hinterkopf wäre Ihr Selbstwertgefühl
stabil geblieben? Hier eine kleine Auswahl:

- ❏  »Wenn er Krieg haben will – den kann er haben.«
- ❏  »Im Kratzen, Beißen und Spucken bin ich mindestens genauso
     gut wie sie.«
- ❏  »Ich bleibe freundlich und bestimmt und weiche keinen
     Millimeter von meiner Minimalforderung ab.«
- ❏  »Lass sie doch toben! Das imponiert mir nicht.«

**Die Rettung des Selbstwertgefühls**

Jede braucht so einen Satz, wenn es zum Schlimmsten kommt.
Legen Sie ihn sich vor einer Verhandlung zurecht. Am besten jetzt
gleich. Die Rettung des Selbstwertgefühls ist in solchen Situationen
erste Pflicht. Wenn Sie schon nicht Ihre Position wahren können,
konzentrieren Sie sich darauf, wenigstens Ihr Selbstwertgefühl zu
wahren. Viele tun genau das Gegenteil. Sie versuchen, den Partner
zu ändern mit Gedanken und Sprüchen wie: »Also so benimmt man
sich doch nicht!« Das ist gut gemeint, bewirkt aber nichts. Es
eskaliert die Situation eher. Weil es am falschen Punkt ansetzt: am
Partner. Wenn der Partner sich wirklich danebenbenimmt: Bleiben
Sie bei sich!

Deshalb ist Schweigen ein so wirksames Mittel in prekären Situationen: Sie können bei sich bleiben. Und der Partner hat die Chance, sich wieder einzukriegen.

## Stark sein, stark bleiben

Wer ein starkes Selbstwertgefühl besitzt, verhandelt auch stark. Das ist uns allen klar. Nicht klar ist vielen von uns, dass wir etwas dafür tun müssen. Dass es geeignete Instrumente zum Aufbau des Selbstwertgefühls gibt. Dass es in vielen Verhandlungssituationen wichtiger ist, das eigene Selbstbewusstsein zu versorgen, anstatt in einem Ego-Loch unter innerem Druck weiter zu argumentieren. Frauen, die sehr gut verhandeln, verwenden vor, während und nach Verhandlungen sehr viel Zeit für diese Aufbauarbeit. Sie bauen darüber hinaus auch das Selbstwertgefühl des Verhandlungspartners auf. Das glauben viele Frauen auch zu tun: Sie lächeln scheu und geben nach. Das baut jeden Verhandlungspartner auf. Das ist aber nicht gemeint:

 Die Kunst des Verhandelns ist, hart in der Sache zu verhandeln und gleichzeitig sein eigenes und das Selbstwertgefühl des Partners gut zu versorgen.

Das ist eine Frage der inneren Einstellung, die dann zur dezidierten, aber selbstwertfreundlichen Äußerung führt. Also nicht: »Nee, meine Liebe, das können Sie sich aber abschminken!« Sondern zum Beispiel: »Ich würde Ihnen gern entgegenkommen. Ich verstehe Ihre Forderung auch. Leider kann ich in diesem Punkt nicht weiter gehen als … «

Verhandlungen, in denen das Selbstwertgefühl der Partner gut versorgt wird, sind erfolgreicher und schneller. Logisch, es muss keiner renitent werden und querschießen, nur weil sein Ego verletzt wird (der häufigste Grund für Verhandlungsverzögerungen). Selbst

**Typisch weiblich, typisch männlich**

wenn solche selbstwertfreundlichen Verhandlungen einmal sachlich nicht erfolgreich sein sollten, fühlen sich die Partner danach persönlich gut: Sie haben beide ihr Gesicht und ihr Selbstwertgefühl gewahrt. Überflüssig zu sagen, dass dies der typisch weibliche Verhandlungsstil ist. Der männliche Stil (falls es diese Extreme überhaupt gibt) zielt dagegen typischerweise darauf ab, das Ego des Partners so zu schwächen, dass er »einknickt«. Das ist weder nötig noch nützlich (macht den Jungs aber Spaß, weil sie kompetitiver sind und so erzogen wurden). Machen Sie es besser.

Verhandeln Sie so, dass alle beteiligten Selbstwertgefühle geschützt bleiben (Ihres auch!). Das bringt mehr. Und fühlt sich besser an.

# 3   Ich weiß, was ich will!

*Alle Dinge sind bereit, wenn der Geist es ist.*
Goethe

## Wenn ich nur wüsste, was ich wollte ...

 Fiona möchte gern wie einige ihrer Kolleginnen auf eine sehr interessante Weiterbildung, weil das Thema in ihr Fachgebiet fällt. Ihre Chefin sagt: »Tut mir leid, wir haben nur für fünf Plätze Budget und das ist bereits für andere Kollegen und Kolleginnen verplant.« – »Och«, sagt Fiona. »Das ist aber schade.« Was stimmt hier nicht? Geben Sie eine Einschätzung ab.

»Typisch Frau«, sagte dazu mal eine Einkaufsleiterin eines Pharma-Unternehmens. »Geht in eine Verhandlung und weiß nicht, was sie will!« Wieso? Fiona will doch aufs Seminar! Reicht das nicht als Wille(nsäußerung)? Offensichtlich nicht. Denn diese Willensäußerung ist zu schwach, um damit eine Verhandlung einzuleiten, geschweige denn zu gewinnen. »Och, schade« ist keine verhandlungsfähige Äußerung!

Ich hatte mal eine Assistentin, die ein bestimmtes Seminarthema wirklich ausgezeichnet recherchiert hatte. Weil sie das auch wusste – selbstbewusst, wie junge Frauen heute sind –, fragte sie mich: »Wenn ich mich darin jetzt so gut auskenne, darf ich dann diesen Part im Seminar übernehmen?« »Als Trainerin?«, entfuhr es mir. »Dazu fehlt Ihnen noch die Erfahrung. Was kann ich Ihnen denn als Ersatz anbieten?« Das Mädel guckte mich groß an. Darüber hatte

sie noch nicht nachgedacht. Deshalb konnte sie mit mir nicht verhandeln. Ich wäre ihr wirklich gern entgegengekommen. Aber wenn sie nicht mal weiß, was sie will …

 Gehen Sie selbst in die klitzekleinste Verhandlung erst dann und nur dann hinein, wenn Sie wirklich ganz genau, detailliert und in allen denkbaren Eventualitäten wissen, was genau Sie wozu und wofür wollen! Und was Sie nötigenfalls als Ersatz wollen.

Jahrelang hielt ich diese Empfehlung für so trivial, dass ich mich kaum getraute, sie auszusprechen. Ich traf auch keine, die mir widersprochen hätte. Mit jedem Jahr fragte ich mich jedoch vehementer: Wenn das so klar ist – warum machen es dann so wenige?

# Frauen sind ja so spontan

»Schatz, sei doch mal ein wenig spontan!« Schatz ist es (meist) nicht. Aber wir sind es. Und wie! Das ist der Grund, warum Frauen so selten überlegen, was sie wirklich wollen. Um einige diesbezügliche Aussagen zu zitieren:

- ❏ »Ich weiß, ich sollte mich besser vorbereiten, aber das schränkt meine Kreativität im Gespräch ein!«
- ❏ »Ich lasse mich ungern in ein vorher festgelegtes Korsett pressen.«
- ❏ »Wie kann ich auf meinen Gesprächspartner eingehen, wenn ich vorher schon alles festlege?«
- ❏ »Die spontanen, unmittelbaren Lösungen sind doch eh' die besseren!«

Alles gut und schön. Und was hat die ganze Spontaneität Fiona oder meiner Assistentin gebracht? Ich glaube, die Superspontanen und Flexiblen begehen schlicht einen Irrtum:

**STOP** Vergessen Sie rasch den Irrglauben, dass eine gute Vorbereitung Sie in irgendeiner Weise einschränkt oder festnagelt. Nichts von dem, was Sie sich in der Vorbereitung zurechtgelegt haben, müssen Sie in der Verhandlung anbringen.

Sie werden jedoch bemerken: Selbst wenn Sie 80 Prozent Ihrer Vorbereitung in der Verhandlung selbst verwerfen – die restlichen 20 Prozent verbessern Ihr Verhandlungsergebnis um 100 Prozent! Tatsächlich bestätigen mir das selbst die Superspontanen – *nach* einer Verhandlung: »Ein bisschen mehr Vorbereitung hätte mir doch gutgetan!« Leider ist es dann zu spät.

Das einzige Wesen, das sich noch schlechter auf Verhandlungssituationen vorbereitet als die Frau ist (erraten Sie's?) – richtig: der Mann. Doch was ihm an Vorbereitung fehlt, macht er mit Vehemenz wett. Oder wie ein Vorstandsvorsitzender es mal ausdrückte: »Mein Einkaufsleiter hat im Prinzip keine Ahnung, was er will – doch das will er mit aller Macht. Und das reicht schon, um die Verkäufer zu verunsichern.« Werden Sie nicht vehement. Bereiten Sie sich lieber vor. Sie müssen ja nicht gleich Stunden investieren und eine 100-Punkte-Liste vorbereiten. Aber Sie sollten zumindest wissen, was Sie wollen. Und das gleich dreifach.

> Der weibliche Verhandlungsstil ist nicht Vehemenz, er ist gute Vorbereitung

## Wünsche im Walzertakt

Viele Frauen versichern mir eifrig, dass sie genau wissen, was sie wollen. Ich höre mir dann manchmal ihren ersten Satz in Verhandlungen an und der lautet dann oft: »Nerv doch nicht immer so!« »So geht das aber nicht!« »Die Toleranz der Formteile ist zu hoch!«

»Ihr Preis ist zu hoch.« »Sie bieten mir zu wenig.« Wie geht es Ihren Nerven? Richtig. Allein das Wort »zu« in Verbindung mit einem Adjektiv lässt uns unwillkürlich die Nackenhaare zu Berge stehen. Das ist erstens ungeschickt, zweitens destruktiv und drittens nicht sachdienlich. Niemand lässt sich gern sagen, dass er/sie zu …– whatever – ist. Sie ja auch nicht. Das ist beleidigend. Und wer beleidigt, verhandelt nicht.

 Sagen Sie nicht, was Sie *nicht* wollen. Sagen Sie, was Sie wollen.

**Maximal-, Okay- und Minimalziel**

»Mehr Gehalt!« »Einen aufmerksameren Mann!« »Mehr Verantwortung im Job!« Schön, aber das ist immer noch zu unspezifisch. Was machen Sie beim ersten Nein? Dumm gucken. Oder sich nolens volens herunterhandeln lassen. Deshalb: Differenzieren Sie Ihren Wunsch nach Maximal-, Okay- und Minimalziel. Und versprechen Sie sich hoch und heilig, sich niemals unter Ihr Minimalziel runterhandeln zu lassen. Lieber gehen Sie raus aus der Verhandlung. Und weil die Verwandlung von Wünschen in Ziele selbst erfahrenen Frauen schwerfällt, ein Beispiel dazu.

 Ella möchte mehr Verantwortung im Job. Sie ist es leid, die ewige Assistentin zu sein. Am liebsten würde sie eines ihre tollen Produktkonzepte bis zur Marktreife bringen. Von diesem Maximalziel träumt sie schon lange. »Pfft«, sagen ihre Kolleginnen, »haben wir auch schon probiert. Das schmettert unser Vertriebschef regelmäßig ab.« Deshalb entwirft Ella als Okay-Ziel: »Eine unserer Service-Dienstleistungen neu konzipieren.« Als Minimalziel möchte sie zumindest ins bereichsübergreifende Innovationsteam aufgenommen werden, das neue Services und Produkte kreiert. Ihr Chef verwirft ihr Maximalziel – wie schon bei 20 Kolleginnen vor ihr. Er ist verwirrt, als Ella daraufhin nicht wie die 20 anderen Kolleginnen schmol-

lend von dannen zieht, sondern im Gegenteil ihr Okay-Ziel vorbringt. Zögernd verwirft er auch das. Als sie ihre Minimalforderung anbringt, protestiert er: »Da sitzen lauter Ingenieure und Studierte drin! Wenn Sie uns in diesem erlauchten Kreis blamieren!« »Sie kennen meine Konzepte«, sagt Ella, »damit blamiere ich uns ganz sicher nicht.« Der Chef willigt maulend ein, sie zumindest bei der nächsten Sitzung mit hinzuzunehmen. Jetzt hat Ella ein Problem mit ihren Kolleginnen, die neidisch auf Ellas Erfolg sind. Sie beschließt, ihnen zu verraten, wie sie es angestellt hat und ihnen einige Tipps zu geben.

Dabei bemerkt Ella recht schnell bei ihren Kolleginnen die typisch weibliche Tendenz zum Minimalziel, besonders eklatant feststellbar bei Vorstellungsgesprächen: Wenn es um die erste Gehaltsverhandlung geht, greifen Männer in der Regel zu hoch, Frauen zu tief. Sie gehen gleich mit ihrer Minimalforderung ins Gespräch. Die typisch weibliche Bescheidenheit, die sich bereits an der Formulierung zeigt: »Ich bräuchte mindestens 3000 Euro.« Mindestens? Warum nicht: »Ich stelle mir 3500 Euro vor.« Wenn das dem Chef in spe zu viel ist, kann er immer noch verhandeln.

Was werden Sie als Nächstes verhandeln? Was wollen Sie? Idealerweise, realistischerweise und minimalistischerweise? Und wenn wir gerade dabei sind: Sie wissen jetzt, was Sie wollen. Woran sollten Sie sofort danach ebenfalls denken?

*Die Tendenz zum Minimalziel ist typisch weiblich*

# Was will Ihr Verhandlungspartner?

Welches könnten seine Maximal-, Okay- und Minimalziele sein? Welche Interessen verfolgt er?

Die Erfahrung zeigt leider, dass Frauen mit den Zielen von Verhandlungspartnern große Probleme haben, von denen sie die meisten gar nicht erkennen (nur deren fatale Folgen):

**Was Frauen für Empathie halten, halten Psychologen für Projektion**

- ❏ Frauen machen sich selten Gedanken über die Ziele ihres Verhandlungspartners.
- ❏ Und wenn, dann projizieren sie nach dem Motto: »Ich weiß doch, was er will, was gut für ihn ist.«
- ❏ Sie denken deshalb nicht über fremde Ziele nach, weil sie ein überragendes Harmonieziel unterstellen: »Wir wollen doch alle vernünftig miteinander reden.« Das ist eine völlig realitätsfremde Annahme, auch wenn das Ihnen und mir nicht schmeckt.
- ❏ Sie sind zu naiv, um die wahren Ziele von Verhandlungspartnern zu erkennen.

 Lea sieht in der Werbung einer Fachmarktkette einen tollen, günstigen Staubsauger. Sie geht hin und will ihn kaufen. Der Verkäufer redet ihn ihr aus und verkauft ihr einen, der »besser zu den teuren Teppichen in Ihrer Wohnung passt«. Der Staubsauger ist 80 Euro teurer und laut Stiftung Warentest wenig tauglich.

Susanne möchte 10 000 Euro anlegen. Ihre Bankberaterin rät ihr zu einer Anleihe, die im Sommer 2008 platzt. Susanne verliert 10 000 Euro.

Ich selber verlange meinen üblichen Tagessatz für ein Seminar. Der Einkäufer eines großen deutschen Unternehmens will ein Drittel weniger bezahlen: »Bitte stecken Sie dieses eine Mal zurück, das machen Sie bei den Folgeaufträgen wieder gut.« Nach dem ersten Seminar höre ich nie wieder etwas von diesem Unternehmen.

Wie können wir so naiv sein? Wie können wir unterstellen, dass Verhandlungspartner unser Wohl im Auge haben? Männer machen das anders. Die misstrauen tendenziell allem, was nicht Kumpel ist. Sie gehen mit einer paranoiden Grundeinstellung in Verhandlungen. Frauen mit einer naiven.

Halt! Ich habe nicht gesagt: Werden Sie so paranoid wie die Männer! Ich habe auch nicht gesagt: Unterstellen Sie Ihrem

**STOP** Hören Sie so schnell wie möglich damit auf, Ihrem Verhandlungspartner Altruismus zu unterstellen!

Gegenüber böse Absichten. Das ist alles Quatsch. Richtig ist: Unterstellen Sie Ihrem Gegenüber *Eigeninteressen*. Der Verkäufer im Elektromarkt will Lea nicht das Lockvogel-Angebot verkaufen, weil er dabei zu wenig Marge macht (deshalb heißt es Lockvogel-Angebot). Susannes Bankberaterin möchte ihr nicht die für sie bestmögliche Anlage empfehlen, sondern jene, auf die ihr Vertriebschef heute Morgen nachdrücklich hingewiesen hat. Und mein Einkäufer wollte nicht, dass ich mit dem Folgegeschäft Geld verdiene. Er wollte mich bloß runterhandeln. Warum in drei Teufels Namen sehen wir das nicht? Nicht rechtzeitig? Damit uns alle Welt ausnutzen kann. Echt, manchmal ist es zum Aus-der-Haut-Fahren.

Eigeninterresen des Gegenüber

 Selbst wenn Ihr Gegenüber eine Frau ist: Sie hat nicht *Ihre,* sondern ihre eigenen Interessen im Kopf. Könnten Sie versuchen, sich das zu merken?

Welche Eigeninteressen könnten das sein? Denken Sie wie Shirley Holmes darüber nach: Welche Indizien, Hinweise gibt es auf welche Ziele? Ist es wirklich so unlogisch, dass ein Verkäufer seine eigenen Verkaufsziele und nicht *Ihre* Interessen im Kopf hat?
Oder anders gefragt: Wenn ein Verhandlungspartner sowieso Ihre Interessen im Kopf hätte – wozu dann noch verhandeln? Verhandeln ist ex definitione das Zusammenbringen unterschiedlicher Interessen. Wir erkennen: Die Fremdzielblindheit ist schon wieder ein Ablenkmanöver des weiblichen Unterbewusstseins, sich um Verhandlungen herumzumogeln. Lassen Sie das nicht mit sich machen. Antizipieren Sie die Ziele und Interessen Ihres Gegenübers. Und seine Argumente, Einwände und Sprüche (wie Sie Ihre eigenen Argumente finden und aufbereiten, betrachten wir in Kapitel 6).

Bereiten Sie sich auf alle denkbaren und undenkbaren Argumente und Einwände Ihres Partners vor!

Denn immer wieder sagen mir Frauen wie zum Beispiel Vera: »Und dann hat er wieder seinen dummen Spruch mit der Kostensituation des Unternehmens gebracht und meinen Wunsch nach Budgetnachtrag abgeschmettert. Das macht er seit zwei Jahren so!« Und? Seit zwei Jahren hat Vera sich kein passendes Gegenargument dazu einfallen lassen? Das darf doch nicht wahr sein! Wenn Frauen das endlich einsehen, rutschen sie oft prompt ins andere Extrem: »Also bitte, laut letzter Quartalsbilanz liegen wir immer noch innerhalb der Zielprojektion! Das Geld ist also da!«

**STOP** Männer verhandeln nach dem Schlag/Gegenschlag-Muster. Warum wollen Sie sich schlagen?

Für jede Behauptung meines Verhandlungspartners finde ich mit genügend Zeit oder Erfahrung eine Gegenbehauptung und genug Zahlen, Daten, Fakten als Beleg dazu. Was bringt das? Eskalation, Streit. Und der Frau den Ruf, eine Zicke zu sein.

 Der weibliche Verhandlungsstil setzt nicht auf Konfrontation, sondern auf Interessenausgleich.

Also führt Lea nicht die Quartalsbilanz ins Feld, sondern setzt auf Interessenausgleich, baut die sprichwörtliche goldene Brücke, versucht, beide Interessen zusammenzubringen: »Ich verstehe, dass Sie die Kosten so niedrig wie möglich halten wollen. Ich möchte mein Projekt so gut wie irgend möglich abliefern, damit der Kunde zufrieden ist. Konkret brauche ich zehn Arbeitsstunden eines externen Design-Experten. Wie kriege ich diese zu den Kosten, die auch Sie verantworten können?« Erst jetzt ist die Verhandlung eröffnet. Jetzt reden beide konstruktiv.

 Erkennen Sie die Interessen Ihres Gegenübers und arbeiten Sie aktiv am Interessenausgleich.

# Seien Sie Frau Moses!

 Nochmals zu Susanne. Sie ist Abteilungsleiterin, Single, reist nicht gern und kleidet sich nicht sonderlich modisch. Was heißt das? Richtig, sie trägt ihr Geld zur Bank. Sie sagt dann jedes Mal: »Ich möchte aber sicher anlegen, bitte kein Risiko.« Zur Jahrtausendwende verkauft ihr die genossenschaftliche Bank einen Multimedia-Fonds, der drei Jahre später mit der Internetblase platzt. Als ihr die nette Bankberaterin zwei Jahre später einen Dax-Fonds anträgt, kann Susanne es nicht fassen: »Aber ich will das nicht! Ich sagte doch, kein Risiko!« Die Bankberaterin lacht: »Der Dax ist sicher. Da müsste ja gleich die ganze Republik bankrott gehen!« Susanne lässt sich bequatschen (auf Deutsch: Sie verliert die Verhandlung). Drei Jahre später platzt die Immobilienblase in den USA und das deutsche Bankenwesen meldet kollektiv Konkurs an (de facto, nicht de jure). Ihr Fonds stürzt ins Bodenlose. Was hat das alles mit Susanne zu tun?

Alles. Und das ehrt Susanne. Sie schimpft nicht auf die Bank und die globale Wirtschaft. Okay, das tut sie zwar einige Tage lang auch. Aber danach sagt sie beim After-Work-Treff der Führungsfrauen ihrer Stadt einen Satz, bei dem mir das Herz aufgeht: »Natürlich bin ich von meiner Bank enttäuscht. Die verraten meine Interessen nach Strich und Faden. Ich bin mir sicher, die wissen noch nicht mal, was ich mir unter einer für mich idealen Anlage vorstelle. Aber warum schaffe ich es nicht selber, meine Interessen durchzusetzen, wenn es darauf ankommt?«

 Wie lautet Ihre Antwort auf Susannes Frage?

Gegenfrage: Moses ritzte die Zehn Gebote in Stein. Warum? Weil er wusste: Wenn er bloß darüber reden würde, würde sich mal wieder kein Schwein an die Regeln halten – warum sonst wären die Zehn Gebote nötig geworden? Es lag auch nicht daran, dass er nun plötzlich die Spielregeln in Stein kratzte. Es lag an ihrer Formulierung: »Du sollst nicht töten!« »Bei Handspiel im Strafraum: Elfmeter!« »Was du nicht willst, das man dir tu, das füg auch keinem andern zu.« Welche dieser Regeln wird mehr oder weniger eingehalten? Nummer 1 und 2, Nummer 3 nicht. Warum nicht? Weil sie viel zu lang und zu abstrakt ist. »Ich will bei der Anlage kein Risiko eingehen!« Das ist schön kurz – aber konkret? Da muss ich lachen.

 Wer nicht mit hundertprozentig konkreten Vorstellungen in eine Verhandlung geht, kann seine Ziele kaum erreichen.

Seit das Susanne klar ist, hat sie lange nachgedacht und mit vielen anderen Frauen geredet, die etwas von Geld verstehen (darunter logischerweise keine Bankerin). Womit geht sie heute in die vierteljährlichen Anlageverhandlungen mit ihrer Bank? Mit einem klaren, kurzen Ziel: »Nur noch Sparbuch, Termingeld und hundertprozentig abgesicherte Hausbankanleihen!« Natürlich versucht die nette Bankberaterin immer noch, ihr Schiffsbeteiligungen, Immobilien und Biogasanlagen anzudrehen. Logisch, denn sie muss ihre Leistungsziele erfüllen, sonst riskiert sie ihren Job. Doch nach spätestens zehn Minuten gibt sie meist auf und verkauft Susanne zähneknirschend ein Termingeld.

**Mit den eigenen Bedürfnissen in Einklang sein**

Susanne macht eine erschütternde Entdeckung: »Ich hatte immer große Angst vor der Ablehnung durch Verhandlungspartner, wenn ich meine Interessen durchsetze. Seit ich in einem Satz sagen kann, was ich aus einer Verhandlung erwarte, habe ich diese Angst nicht mehr. Ich kann mein Gegenüber innerlich bedauern – aber trotzdem meinem Ziel treu bleiben.« Was einen schrecklichen Verdacht aufwirft: Sind viele Frauen bloß deshalb so harmoniesüchtig, weil

sie nicht wissen, was sie wollen? Harmonie als Ersatz für Autonomie (im Sinne der Übereinstimmung mit den eigenen Wünschen)?

Das Gebot des konkreten Ein-Satz-Zieles hilft übrigens, eine
weitere weibliche Verhandlungsschwäche weitgehend zu vermeiden. Moses zum Beispiel schrieb nicht: »Also, es wäre schön, wenn
Sie, liebe Israeliten, falls es Ihnen keine zu großen Umstände
bereitet, davon absehen könnten, Ihrem Nächsten nach dem Leben
zu trachten.« Er sagte: »Du sollst nicht töten!«

Je klarer, kürzer und konkreter Sie Ihr Verhandlungsziel formulieren, desto weniger werden Sie in der Verhandlung sogenannte
Weichspüler verwenden: Konjunktive, indirekte Formulierungen,
könnte, sollte, müsste, würde, Abstrakta, Andeutungen, also,
vielleicht …

Und wenn Sie meinen, dass alles, was Sie gerade gelesen haben,
doch sehr einleuchtend sei, dann kennen Sie Frauen schlecht (oder
die Transferproblematik). Die erste Reaktion auf das Gelesene ist
nämlich meist: »Aber wenn ich so klipp und klar sage, was ich will
– kommt das dann nicht zu fordernd, unverschämt rüber?«

> **STOP** Hören Sie auf, Ihre Forderungen als »unverschämt« zu
> betrachten. Nur unverschämt ist unverschämt. Forde-
> rungen sind es nicht, solange und soweit sie höflich und
> freundlich formuliert werden.

»Sie machen mir jetzt ein Termingeldangebot oder ich lege mein
Geld bei einer anderen Bank an.« Das ist unverschämt (für Frauen,
nicht für Männer – und Bankangestellte). »Ihr Angebot ist sehr
interessant. Bitte machen Sie mir jetzt auch ein Angebot für ein
Termingeld.« Das ist nicht unverschämt. Aber verhandlungsleitend.

*Weichspüler ge-
hören in die
Waschmaschine,
nicht in die Ver-
handlung*

# Bringen Sie Kuchen in die Verhandlung!

 Erinnern Sie sich an Fiona? Sie wollte auch auf das interessante Seminar, das fünf ältere Kolleginnen besuchen dürfen. Sie darf nicht. Sie ist enttäuscht. Heute nimmt sie einen zweiten Anlauf. Wie würden Sie diesen Anlauf gestalten? Irgendeine Idee?

Wer nur mit einer einzigen Option in eine Verhandlung geht, provoziert einen Konflikt (weil der Partner das als Diktat auffasst). Wer zwei hat, bringt den Partner in ein Dilemma. Ab drei beginnt die Verhandlungsfreiheit:

 Viele glauben, dass es in Verhandlungen darum gehe, den Kuchen aufzuteilen. Das führt zu unproduktiven Verteilungskämpfen. Daher: Machen Sie den Kuchen größer, bevor Sie in eine Verhandlung gehen!

Fiona möchte so viele »Kuchenstücke« wie möglich in die zweite Runde mitnehmen. Also überlegt sie sich: Welche Optionen habe ich?

**Wechseln Sie die Option**

Das flexiblere Element steuert das System. Feilschen Sie nicht um eine feststehende Position. Wechseln Sie lieber die Option.
Fiona hat folgende Optionen vorbereitet:

a) Ihre Chefin verhandelt über das Budget nach und schlägt noch einen Seminarplatz heraus.
b) Fiona übernimmt 50 Prozent der Seminargebühr.
c) Fiona darf zum Ausgleich auf ein anderes Seminar zum selben Thema.
d) Sie bekommt zwei Coaching-Sitzungen zum Thema.
e) Sie kauft fünf Bücher zum Thema auf Kosten der Firma.

Was passiert? Weil ihre Chefin nicht sechsmal hintereinander Nein sagen will/kann/möchte, darf sich Fiona vier Bücher zum Thema kaufen im Wert von 200 Euro. Und sie bekommt drei Coaching-Stunden bei einem internen Coach. Fiona ist stolz auf ihre Nachverhandlung. Die Zeit, sich fünf neue Optionen auszudenken, hat sich gelohnt. Aber diese Zeit haben Sie nicht? Das höre ich ständig.

Vergrößern Sie die Verhandlungsmasse, den Spielraum

# Die Unterschiede zwischen Erfolg und Misserfolg

 Wenn wir erfolgreiche und weniger erfolgreiche Verhandlerinnen vergleichen, was denken Sie, welche verwenden mehr Zeit für ihre Verhandlungsvorbereitung? Geben Sie einen Tipp ab. Mit Begründung bitte.

Die meisten tippen darauf, dass sich weniger Erfolgreiche weniger zeitintensiv vorbereiten – und für ihre Nachlässigkeit bestraft werden. Das ist logisch. Und falsch. Tatsächlich können einschlägige Studien *keinen* signifikanten Zeitunterschied feststellen. Weniger Erfolgreiche und Erfolgreiche bereiten sich ungefähr gleich lange vor. Das heißt: Gute Verhandlungsvorbereitung kostet nicht viel Zeit! Sie kostet genauso viel wie schlechte. Sie kostet genau die Zeit, die frau hat.

Sich die eigenen und die Ziele des Partners bewusst zu machen und seine Argumente zu antizipieren ist eine Frage von wenigen Minuten. Tatsächlich mangelt es keiner an Zeit, die Zeitmangel beklagt. Wenn wir ehrlich sind, müssen wir sagen: Es liegt nicht an der Zeit. Wir können uns bloß nicht dazu aufraffen. Manchmal trifft das auch aufs Zähneputzen zu. Trotzdem ist es nötig und nützlich.

Der Vergleich zwischen erfolgreichen und weniger erfolgreichen Verhandlerinnen ist ein sehr fruchtbarer. Treiben wir ihn weiter.

Wir haben eben gesehen, wie wichtig eine gut bestückte Palette von Optionen für Verhandlungen ist.

 Was schätzen Sie: Wie viele Optionen bringen Erfolgreiche und weniger Erfolgreiche *pro Verhandlungsgegenstand* in eine Verhandlung ein?

Das Verhältnis ist grob 5 zu 2,5. Das heißt: Erfolgreiche Verhandlerinnen sind auch deshalb so erfolgreich, weil sie mit der doppelten Anzahl an Optionen in eine Verhandlung gehen! Flexibilität und Kreativität tun eben jeder Verhandlung gut. Wer immer noch eine Alternative im Ärmel hat, immer noch einen Ausweg weiß, gerät selten in eine Sackgasse. Was verhandeln Sie als Nächstes? Kommen Sie auf fünf Optionen pro Verhandlungspunkt? Nein? Dann geben Sie Ihrer Kreativität die Sporen!

 Wie viel Prozent einer Verhandlung verwenden Erfolgreiche und weniger Erfolgreiche dafür, um über Gemeinsamkeiten (Ansichten, Ziele, Meinungen, Daten, Optionen …) zu reden?

**Die Erfolgreiche reitet nicht auf den Differenzen herum**

Während die weniger Erfolgreichen nur knapp 10 Prozent der Verhandlungszeit über die so wichtigen, weil Vertrauen und Harmonie schaffenden Gemeinsamkeiten reden, verwenden die Erfolgreichen fast 40 Prozent dafür – also die vierfache Zeit! Genau das ist der typisch weibliche Verhandlungsstil: Harmonie, Gemeinsamkeit betonen. Trotzdem runzeln an dieser Stelle viele die Stirn. Sie wissen nicht, was gemeint ist. Sie beherrschen das Instrument vielleicht unbewusst, aber nicht bewusst. Einige Musterformulierungen helfen erfahrungsgemäß auf die Sprünge:

❑ »In diesem Punkt gehen wir konform.«
❑ »Schön, dass wir hier einer Meinung sind.«
❑ »Ja, genau das sage ich auch immer.«
❑ »Also da liegen wir wirklich sehr dicht beieinander.«

❑ »Das sieht wie eine unüberbrückbare Differenz aus, aber im Prinzip wollen wir beide so ziemlich dasselbe.«

Das hört sich alles sehr verbindend an? Schön, dass wir hier einer Meinung sind. Aber: Kommen Sie mit solchen Äußerungen auch auf 40 Prozent Ihrer Verhandlungszeit? Ab wann künftig?

 Wie viel Zeit (in Prozent) verwenden Erfolgreiche und weniger Erfolgreiche dazu, um über längerfristige Themen und Fragen zu reden?

Die Erfolgreichen über 8 Prozent, die weniger Erfolgreichen nur 4 Prozent. Wieder sind die Erfolgreichen doppelt so »gut« in einem Punkt der Verhandlung. Viele Ehen könnten so gerettet werden. Nicht schon wieder übers Haushaltsgeld streiten, sondern auch mal an den gemeinsamen Ruhestand oder zumindest den nächsten Urlaub denken: Wollen wir uns angesichts dessen wirklich über die paar Euro Haushaltsgeld streiten? Oder im Business: Anstatt schon wieder über die zwei Euro fuffzig Spesengeld zu streiten, könnten wir doch zur Abwechslung mal über das budgetäre Jahresziel reden (das durch die 2,50 Euro nämlich nicht im Mindesten tangiert wird). Wer langfristig denkt (und darüber redet!), löst viele kurzfristige Streitereien rasend schnell auf.

Noch ein Unterscheidungsmerkmal, das prima facie überrascht: Weniger Erfolgreiche verhandeln nach festgelegter Reihenfolge. Ja ist das denn nicht nützlich und gut? Nein, denn damit kann ich nicht auf die Gegebenheiten des Augenblicks, auf die momentane Stimmung meines Gegenübers, seine vielleicht überraschenden Argumente und auf veränderte Kontextvariablen eingehen. Es ist so, als ob man stur an der Menüfolge eines Abendessens auf einer Kreuzfahrt festhält – während die Titanic sinkt. Erfolgreiche richten ihren Verhandlungsablauf nach Verhandlungsgegenstand, -kontext und -partner.

**Die Flexiblere gewinnt**

Und noch ein letztes Erfolgskriterium: Wie präsentieren Erfolgreiche und weniger Erfolgreiche ihre Angebote und Vorschläge?

Schlagen Sie in einer Bandbreite vor!

Die weniger Erfolgreichen – wenig verwunderlich – als feste Größe: »Ich brauche 1000 Euro mehr Projektbudget!« Das klingt wie ein Ultimatum, also wenig verhandlungsförderlich. Die Erfolgreichen schlagen deshalb lieber in einer Bandbreite vor: »Für die benötigten Extrastunden muss ich einem exzellenten Designer 1200 Euro bezahlen. Es geht auch billiger. Aber bei 800 Euro liegt die Grenze zum unmodischen, dysfunktionalen Design.« In dieser aufgespannten Bandbreite kann man/frau verhandeln. Wir merken uns: Auch die Bandbreite zeigt die Flexibilität einer Verhandelnden. Die Flexiblere verhandelt besser.

# Ich mache mich für meine Wünsche stark!

Es ist schon ein großer Fortschritt, wenn Sie vor jeder Verhandlung ganz genau wissen, was der Partner will, was Sie wollen und welches Ihre fünf Optionen pro Verhandlungsgegenstand sind. Doch in unseren Zeiten reicht es nicht, zu wissen, was frau will. Frau muss auch wissen, wie sie es erreichen kann:

 Wichtig ist, seine Ziele zu kennen. Wichtiger ist, seine Hindernisse zu erkennen.

Denn die Hindernisse determinieren, ob Sie Ihre Ziele erreichen. Das Haupthindernis in Verhandlungen ist der Verhandlungspartner. Er vereinigt sachliche (Budgetmangel, technische Probleme …) und persönliche Hindernisse (Abneigungen, Irrationalitäten, Vorbehalte …) auf sich. Und wieder tut sich der Geschlechterunterschied auf: Taucht ein Hindernis auf, verbeißt sich der Mann. Die

Frau gibt typischerweise auf oder steckt zurück und heult sich bei der besten Freundin aus. Wenn ich frage, warum, höre ich am häufigsten:

- ❑ »Wie kann sie bloß so fies sein?«
- ❑ »Wenn kein Geld da ist, ist eben kein Geld da.«
- ❑ »Was kann ich als kleines Licht gegen den Bereichsleiter ausrichten?«

Das alles sind ernst zu nehmende Hindernisse. Ich frage mich dabei bloß:

**STOP** Warum erkennen Frauen Verhandlungshindernisse, die seit Jahren bekannt sind, erst in der Verhandlung selbst?

Eine erfahrene Verhandlerin eines Konzerneinkaufs verrät uns: »Bevor ich in eine Verhandlung gehe, antizipiere ich sämtliche Fallen, die man mir stellen könnte. Ich denke an alle unfairen Tricks, die ein cleverer Verkäufer anbringen könnte. Ich versuche, alles über die Marotten und kleinen Spielereien meines Verhandlungspartners herauszufinden. Wenn er dann tatsächlich damit anfängt, dass zum Beispiel die Chinesen nur Schrott liefern, kann ich wie aus dem Effeff kontern.«

Schwache Verhandlerinnen fürchten sich davor, dass der Verhandlungspartner »fies« wird. Starke rechnen damit – und bereiten sich vor. Es zeigt sich übrigens: Je besser Sie sich auf solche Fiesigkeiten vorbereiten, desto weniger fies wird das Gespräch dann tatsächlich. Und das ist logisch. Wer gut vorbereitet ist, tritt mit einer überragenden Selbstsicherheit (s. Kapitel 2) auf. Ein Selbstbewusstsein, das dem Gegenüber nonverbal signalisiert: »Probier's gleich gar nicht! Ich pariere jeden deiner Tricks!« Einige der fiesen Tricks und Extremsituationen beim Verhandeln betrachten wir in Kapitel 10.

*Sämtliche Fallen antizipieren*

# Bleib dir selber treu!

»Above all, to thine own self be true.« Shakespeare

Ich stelle immer wieder fest, dass Frauen bei Verhandlungen exakt dann in Schwierigkeiten geraten, wenn sie ihren Zielen untreu werden, sich vom hellen Dreigestirn ihrer Ziele abbringen lassen. Auf der anderen Seite beobachte ich fasziniert, dass selbst Frauen, die von Verhandlungsstrategie (s. Kapitel 4), -taktik (s. Kapitel 5) und Argumentation (s. Kapitel 6) wenig Ahnung haben, erstaunlich gute Ergebnisse in Verhandlungen allein dadurch erzielen, dass sie unbeirrbar an ihren Zielen und Optionen festhalten, sich nicht irritieren lassen, sich nicht von ihrem Weg abbringen lassen.

Eigentlich ist das logisch. Denn was kann ein Verhandlungspartner schon groß tun, als zu versuchen, Sie von Ihren Zielen abzubringen? Und was bleibt ihm übrig, als Ihnen still zu gratulieren, wenn Sie es nicht mit sich machen lassen? Lea hätte den falschen Staubsauger nicht kaufen müssen. »Tut mir leid, ich kaufe nur den, den Sie in Ihrem Prospekt stehen haben.« Was hätte der Verkäufer daraufhin tun können? Sie kidnappen? Fesseln und knebeln? Wohl kaum. Schlimmstenfalls hätte Lea kein Geld für einen Sauger ausgegeben, den sie nicht wollte, der zu teuer ist und der nichts taugt.

Ergo: Bleiben Sie sich treu. Bleiben Sie Ihren Zielen treu und Sie werden bemerken: Das kostet keine Kraft. Im Gegenteil. Das gibt Kraft. Ziele geben Kraft. Wenn wir ihnen treu bleiben.

# 4  Ich verhandle strategisch!

*Die Klügere gibt nach.*
*Das begründet die Weltherrschaft*
*der Dummheit.*
Marie von Ebner-Eschenbach

## Wie lautet Ihre implizite Strategie?

**To do** Eine kleine Gedankenspielerei. Spielen Sie mit? Schauen Sie sich die folgenden Verhandlungsthemen an: mehr Gehalt, Akquise attraktiver Aufgaben und Projekte, Firmenwagen, Firmenparkplatz, neues Notebook, Seminar- oder Kongressbesuch, mehr Budget, die neuesten technischen Spielereien am Arbeitsplatz, Reisekosten- und Spesenabrechnung, Vorstandspräsentation ... Wer verhandelt über diese Themen besonders oft und ernsthaft? Richtig: Männer. Sie können die Liste problemlos um typische Männerthemen ergänzen? Aber bitte.
Welche Themen beschäftigen Frauen typischerweise? Das Klima am Arbeitsplatz, die Atmosphäre im Team, persönliche Problemchen von ..., der Umgang mit Kollegen/Kolleginnen und Kunden/Kundinnen ... Sie dürfen wieder ergänzen. Was lernen wir aus dem Vergleich der beiden Themenblöcke im Hinblick auf das Thema dieses Kapitels (Strategie)?

Wir lernen daraus, dass Frauen (und Männer) eine themenspezifische Vermeidungsstrategie verfolgen: Über bestimmte Themen

verhandeln sie, über bestimmte andere nicht. Das heißt, welche Themen verhandelt werden, hängt nicht von der sachlichen Notwendigkeit und der situativen Nützlichkeit ab, sondern vom Geschlecht. Das ist in einem Wort bescheuert. Anders ausgedrückt: Männer und Frauen haben einen blinden Fleck der Verhandlungsführung.

Die letzten Sätze sind spurlos an Ihnen vorübergezogen, weil Sie mir noch böse sind, dass ich Frauen unterstellt habe, schwerpunktmäßig über klimatische Faktoren zu diskutieren? Dann sagen Sie mir doch:

**Der strategische Self-Check**

> **To-do** Bei welchen Themen liegen Ihre blinden Flecke der Verhandlung? Über welche Themen verhandeln Sie wenig, zu wenig, weniger als nötig, weniger als andere (Kollegen), weniger als Ihnen lieb ist, weniger als möglich? Geben Sie sich mit nicht weniger als fünf zufrieden:
>
> ........................................................................
> ........................................................................
> ........................................................................
> ........................................................................
> ........................................................................

Sie machen sich Vorwürfe, was für ein Weichei Sie sind? Nicht so schnell mit den jungen Pferden: Nicht jede, die Verhandlungen vermeidet, ist feige.

Wer Verhandlungen vermeidet, weil er sein Verhandlungsziel auch ohne Verhandlung erreicht, ist nicht feige, sondern klug. Das nennt die Fachfrau auch eine Second-Source-Strategie oder Ausweichstrategie. Petra zum Beispiel muss nicht mit ihrem Mann nervenaufreibend über einen Urlaub am Meer verhandeln, seit sie beschlossen hat, zusätzlich zum Ehe-Urlaub im Herbst mit einer guten Freundin

deren Familie in Sizilien zu besuchen. Ergo: Die Vermeidungsstrategie macht Sinn, wenn Sie eine überzeugende Alternative haben.

**STOP** Die Vermeidungsstrategie macht keinen Sinn, wenn sie der Resignation, dem Zurückstecken, der »Beziehungspflege« (ein Opfer, das zu sehr schmerzt und zu wenig bringt), dem »Och, so wichtig ist es mir dann doch nicht!« dient.

Wenn Sie sich von dieser Versuchung verführt fühlen, machen Sie einen kleinen Abstecher ins Kapitel 2: Je stärker Ihr Selbstwertgefühl, desto weniger fallen Sie der Versuchung der Vermeidungsstrategie anheim.

Übrigens: Verhandlungsstarke Frauen verhandeln selbst dann oft, wenn sie eine zweite Quelle haben und Verhandeln eigentlich nicht nötig wäre. Warum wohl? Nicht um etwas herauszuschlagen, sondern zur Übung. Verhandeln lernt frau nur beim Verhandeln. Und wenn sie sowieso eine überzeugende Alternative in der Hinterhand hat, kann jede Frau total unbelastet verhandeln (üben).

*Verhandeln üben*

# In der Strategiefalle

 Welches ist die häufigste »typisch weibliche« Verhandlungsstrategie nach der Vermeidungsstrategie?

Die Anpassungsstrategie: Frau verhandelt zwar, nimmt aber in der Verhandlung reale Nachteile in Kauf, um der Beziehung zum Verhandlungspartner nicht zu schaden. Bei der Reklamationsbehandlung (wichtiger Kunden) ist das die Strategie der Wahl. Oder auch, um bei einem wichtigen Verhandlungspartner einen Fuß in die Tür zu bekommen. Da bringt man gern erst mal ein Opfer in der Hoffnung, dass es sich später auszahlt (viele Beziehungen und

Arbeitsverhältnisse werden nach diesem Prinzip geführt). Slogan der Anpasserinnen: »Die Klügere gibt nach!« Ach ja? Der Spruch passt nicht, weil Klugheit eine bewusste Wahl der Strategie impliziert – und genau diese bewusste Wahl wird im »typisch weiblichen« Fall nicht getroffen.

**Reflexhafte Anpassung ist schlecht, bewusste ist gut**

Die meisten Frauen passen sich reflexhaft an – auch ich manchmal, wenn ich einem Verhandlungspartner gegenübersitze, der die richtigen Knöpfe bei mir drückt und ich einen miesen Selbstwerttag habe. (Warum regen sich Frauen eigentlich öfter über Miese-Haare-Tage auf als über Miese-Selbstwert-Tage?) Wenn ich jedoch gut drauf bin (s. Kapitel 2), dann merke ich relativ schnell, dass der Partner mich dazu verführen möchte, unreflektiert in die Anpassungsstrategie zu rutschen. Dann komme ich ihm einen Schritt entgegen – und warte so lange, bis er seinen Schritt auch macht. Schreitet er nicht, kann er sich seine Hoffnung auf meine Anpassung an den Hut stecken.

## Die Win-Lose-Strategie

Eine typisch männliche Strategie: »Damit ich gewinne, musst du verlieren!« Frauen empfinden das als brutal, Männer als kompetitiven, sportlichen, edlen Wettstreit. (Jungs! Was soll ich sagen?) In der Zwischenzeit treffe ich jedoch immer mehr (junge) Frauen wie Regine, die sich nach Wochen und Monaten des Haderns, Ärgerns und auch Leidens zu dieser Strategie durchringen: »Ich habe es jetzt so lange und so oft im Guten versucht. Wenn er nicht kooperieren will, dann nenne ich jetzt eben knallhart meine Forderungen und er hat das Nachsehen. Ich muss auch schauen, wo ich bleibe.« Mit dieser bewussten Strategie handelte sie ihrem Chef eine Gehaltserhöhung ab, die er ihr aufgrund der Branchenkonjunktur nicht wirklich geben konnte. Er bezahlte sie quasi aus eigener Tasche. Doch Regines Workload war in den letzten Monaten derart gewachsen, dass sie bereit war, ihn verlieren zu lassen, damit sie gewinnen konnte, weil sie gewinnen *musste*: »Ich kann nicht 50

Prozent mehr arbeiten für dasselbe Gehalt. Das geht einfach nicht.«
Gut gemacht. Meine einzige Kritik an Regines Vorgehen:

 Warten Sie nicht zu lange, leiden Sie nicht zu lange, bis
Sie die Win-Lose-Strategie wählen. Sie sollten nicht erst
zu dieser Strategie greifen, wenn Sie es gar nicht mehr
aushalten.

Sie wollen aber nicht brutal wie ein Mann verhandeln? Darling, davon redet doch niemand. Männer fahren Win-Lose, um es dem anderen zu zeigen, wegen des Gewinnens um des Gewinnens willen. Frauen wägen ab: »Ist sein Verlust kleiner als mein Gewinn?« Dann kommt bei Win-Lose netto, per Saldo etwas Gutes heraus. Regine zum Beispiel kriegt 170 Euro (brutto) mehr Gehalt. Für sie (und ihr Finanzamt) ist das viel. Für ihren Chef – trotz mieser Branchenkonjunktur – ist es angesichts seines Gehalts von 250 000 Euro lächerlich.

*Großer Gewinn, kleiner Verlust – Win-Lose macht Sinn!*

# Win-Win

Auch genannt: Kooperation, Interessenausgleich. Eine Strategie, bei der Ergebnis und Beziehung gleich wichtig sind. Gemeinsam wird etwas auf die Beine gestellt, von dem beide etwas haben, weil jede(r) seine/ihre Interessen wahrt. Was nicht heißt, dass in der Verhandlung selbst Friede, Freude, Eierkuchen herrschen. Es wird durchaus hart gerungen – mit sich und dem anderen. Hart, aber fair.
Wenn Sie eine implizite innere Affinität (Nähe) zu dieser Strategie verspüren: gut. Die Win-Win ist, falls es so etwas gibt, die idealtypische weibliche Verhandlungsstrategie. Allein schon deshalb, weil kaum ein Mann sie kennt, geschweige denn beherrscht. Eine Category Managerin (Chefeinkäuferin für eine bestimmte Warengruppe) eines Kosmetik-Konzerns formulierte einmal sehr schön: »Ich verhandle gern Win-Win. Es ist weniger eine Strategie

als eine innere Einstellung: ›Ich möchte, dass wir beide in der Sache und in der Beziehung einen Schritt weiterkommen.‹ Leider geht das nicht, wenn der andere auf Biegen und Brechen verhandelt.«

Das stimmt fast, aber nicht ganz: Sie können mittels Meta-Kommunikation (Kommunikation über die Kommunikation) abklären, ob der andere sich seiner konfrontativen Strategie bewusst ist: »Ich dachte eigentlich, dass wir beide darauf achten, dass jeder von uns nach dieser Verhandlung einen Schritt weiter ist.« Wenn der Partner bloß im Ton ausgerutscht ist, dann kann er sich korrigieren. Deutet er jedoch an, dass er seine konfrontative Strategie bewusst gewählt hat, können Sie dagegenhalten.

Frauen, die Win-Win verhandeln, berichten mir einhellig, wie Gloria es ausdrückt: »Ich wusste gar nicht, dass Verhandeln so viel Spaß machen kann! Ohne die Verhandlung hätten wir nie zusammen diesen großen Schritt tun können! Jeder hatte etwas davon! Das Ganze ergab mehr als die Summe der Teile!« Ein erhebendes Gefühl. Lassen Sie es sich nicht entgehen.

## Der Kompromiss

Beim Kompromiss macht keiner von beiden einen Schritt nach vorn. Jeder muss zurückstecken – und trotzdem oder gerade deshalb kommt ein Konsens zustande. Jeder steckt zurück, damit man sich am Punkt der größtmöglichen Gemeinsamkeit treffen kann. Das ist eine der definitiv am häufigsten gewählten Strategien. Und das ist das Problem. Denn dass zwei das Gleiche tun, heißt noch nicht, dass sie auch dasselbe tun.

Frauen im Seminar sagen nämlich oft: »Kompromiss? Gute Sache. Jeder kommt dem anderen (in ungefähr gleich weit) entgegen.« Männer im Seminar fragen mich dagegen: »Wie muss ich bei einem Kompromiss formulieren, dass der andere denkt, ich komme ihm zu 50 Prozent entgegen, ich aber 100 Prozent meiner Ziele durchsetze?«

**Reden Sie darüber, wie Sie miteinander reden**

Vorsicht: Nicht alles, was wie ein Kompromiss aussieht, ist auch einer. Vieles ist ein fauler Kompromiss. Wie erkennt frau einen solchen?

 Ich möchte einen Scanner kaufen. Mir gefällt ein Markenprodukt ausnehmend gut. Leider ist es viel zu teuer. Ich sage dem Verkäufer: »Mit 10 Prozent Rabatt nehme ich ihn sofort.« Der Verkäufer ist offensichtlich kompromissbereit: »Natürlich gewähren wir Ihnen einen Nachlass! Bei so einem Gerät ist der Preis doch schon stattlich. Genau dafür haben wir unsere Kundenkarte mit einem äußerst großzügigen Rabatt für gute Kunden, die im Hochpreissegment einkaufen.« Bitte beurteilen Sie diesen Kompromiss.

»Großzügig«? So ein Quatsch! »Kundenkarte« bedeutet: höchstens 3 bis 5 Prozent. Faule Kompromisse fliegen recht schnell auf, wenn Sie Ihren gesunden Frauenverstand aktivieren. Keine triviale Empfehlung: Viele Frauen sind derart vom offensichtlichen Entgegenkommen des Verhandlungspartners entzückt, dass sie nur auf ihren Bauch, nicht auf ihren Verstand hören. Bleiben Sie deshalb wachsam. Oder wie Frau Lenin sagte: »Kompromiss ist gut, Kontrolle ist besser.« Sagen Sie sich: »Okay, er/sie kommt mir offensichtlich entgegen. Das freut mich. Und jetzt prüfe ich das Entgegenkommen auf Herz und Nieren. Ist es wirklich das Entgegenkommen, a) als das es sich darstellt und b) das ich mir erhofft habe?«

Im Seminar machen wir dazu regelmäßig ein Rollenspiel. Wir simulieren eine Verhandlungssituation, die offensichtlich auf Kompromiss ausgelegt ist. Wir bilden zwei Gruppen. Nach dem Ende des Rollenspiels ist meist ein großes Hallo im Seminarraum: »Warum habt ihr euch mit so wenig zufriedengegeben? Ihr habt schon bei 50 000 Euro dem Kompromiss zugestimmt. In der Vorbereitung haben wir aber beschlossen, dass wir sogar bis 30 000 runtergegangen wären! Ihr habt uns eben 20 000 Euro geschenkt, die wir euch gern gegeben hätten.«

**Faule Kompromisse**

Loten Sie die Kompromissbereitschaft des Partners ganz aus! Geben Sie sich nicht zu schnell zufrieden. Fordern Sie mindestens dreimal »Nachschlag«. Wenn Sie das freundlich machen, nimmt Ihnen das keiner übel.

**Fordern = schlimm?**

Aber überfordern Sie den Partner damit nicht? Nein, der wird Ihnen schon sagen, wenn bei ihm Ende Gelände ist. Aber was soll der dann von Ihnen denken, wenn Sie so forsch fordern? Dass Sie wissen, was Sie wollen und souverän und freundlich verhandeln können. Warum glauben Frauen denn immer, dass »Fordern = schlimm« ist? Auch das ist eine implizite Strategie, eine Forderungs-vermeidungsstrategie, die Sie sich bei Gelegenheit mal bewusst machen könnten. Fordern ist nicht schlimm. Fordern ist Ihr gutes Recht. Verzichten Sie nicht ohne Not darauf. Ich frage meine Verhandlungspartner gern selbst dann noch, wenn der Kompromiss bereits geschlossen ist: Und was können Sie noch für mich tun?

Wenn der Partner daraufhin seine leeren Hosentaschen ausstülpt, helfe ich ihm mit einem Scherz und viel Verständnis über die kleine Peinlichkeit hinweg. Peinlicher (für alle Kompromissfaulen) ist jedoch: In den meisten Fällen legt der Partner nach! Logisch. Steht schon in der Bibel: Bittet und euch wird gegeben werden. Wer nicht (wiederholt!) bittet, ist selber schuld.

 Sie können auch ganz konkret fragen: »Was ist mit …? Ich hätte auch noch gern …«

Selbst wenn der Partner daraufhin signalisiert, dass das Ende seiner Fahnenstange erreicht ist, frage ich weiter. Mindestens noch zweimal. Dann erst kann ich sicher sein, dass er mich nicht hinhält oder austricksen möchte und der gefundene Kompromiss ein echter Kompromiss ist, der fair ist und beiden Seiten gerecht wird.

Gestehen Sie den Menschen doch ihre Menschlichkeit zu: So sind wir halt. Kleine Fehler. Tolerieren Sie sie. Und rechnen Sie damit!

Hören Sie auf, anzunehmen, dass jedes Kompromissangebot ehrlich ist. Männer bescheißen gern des Kitzels wegen, Frauen aus Stutenbissigkeit.

# Welches ist die beste Strategie?

Die Frage wird mir oft gestellt. Ich frage dann gern zurück: »Welches ist der beste Lippenstift?« Das kommt drauf an.

 Die beste Strategie ist immer jene Strategie, die am besten zu Ihren Zielen, zur Situation, zum Partner, zu Ihrem Selbstwertgefühl und Ihrer Verhandlungsstärke passt.

Ich kenne Top-Verhandlerinnen in mörderischen Businessbereichen, die fast nur Win-Lose verhandeln – weil sie sonst unter die Räder kommen oder weil sie so kompetitiv sind, dass sie in jeder Verhandlung gern die Kräfte mit ihrem Verhandlungspartner messen. Dann gibt es Verhandlungsführerinnen im strategischen Einkauf, die vor allem mit Allianzpartnern generell Win-Win verhandeln (weil alles andere die Allianz aushöhlt oder nicht zu den gewünschten Sachergebnissen führt). Dann gibt es Verhandlungen, in denen eigentlich nur ein Kompromiss möglich ist (zum Beispiel bei einem Macht-Patt).

Was ich damit sagen will: Die meisten Menschen gehen in eine Verhandlung und verfolgen ganz unbewusst ihre implizite Strategie (automatisch kompromissbereit, kampfbereit, zur Anpassung oder zur Vermeidung bereit). Das ist zwangsläufig die falsche Strategie. Eine bewusst gewählte Strategie ist einer gewohnheitsmäßig eingesetzten immer überlegen. Also wählen Sie Ihre Strategie weise und bewusst. Vor der Verhandlung oder auch mitten in der Verhandlung (bei einem Strategiewechsel).

**Wählen Sie bewusst Ihre Strategie**

Darüber hinaus sind Tendenzaussagen möglich: Einige Strategien sind anderen Strategien von vornherein in einigen wichtigen Punkten überlegen. Dazu eine Frage:

 Was führt schneller zum Ergebnis? Eine kooperativ geführte Verhandlung oder eine konfrontativ geführte?

Männer tippen häufig auf die konfrontative Variante mit der Begründung: »Es geht schneller, wenn man dem anderen klipp und klar sagt, was Sache ist. Wenn ich kooperieren muss – da quatscht man sich doch zu Tode dabei!« Das ist Käse. Es macht (Männern!) zwar mehr Spaß, dem Partner die Brocken um die Ohren zu hauen. Doch es dauert deutlich länger, weil der Partner darauf mit Gegenwehr, Mauern, Finten, Tricks, taktischen Manövern, Bluffen und Spielchen reagiert.

 Die kooperative Verhandlungsführung spart Zeit, Nerven und schont die Beziehung – und liefert häufig die (für beide!) besseren Ergebnisse.

Sie hängt aber auch stark vom Partner ab: Seien Sie nicht kooperativ und kompromissbereit, wenn Ihr Partner es nicht ist! Viele Frauen begehen diesen Fehler, weil sie sich nicht auf das Niveau des Verhandlungspartners begeben wollen. Das ist eine unbegründete Angst: Frau kann auch stilvoll und souverän konfrontieren. Das ist eine reine Frage der inneren Haltung und der Formulierung. Ich erlebte mal eine Prokuristin, die einem beinhart konfrontativ verhandelnden Finanzinvestor kühl lächelnd ins Gesicht sagte: »Sie dürfen ruhig unser Familienunternehmen kaufen. Dann garantiere ich Ihnen, dass zwölf Stunden später die halbe Belegschaft auf dem Arbeitsamt ist, krankgeschrieben oder bei der Konkurrenz. Stellen Sie meine Prognose ruhig auf die Probe.« Diese Win-Lose-Strategie hielt sie so lange durch, bis der Finanzinvestor seinerseits kooperativ wurde – ein typisch männlicher Strategiewechsel.

Aber eigentlich ist die Frage nach der besten Strategie überflüssig. Denn wir tendieren sowieso automatisch zu unserer Lieblingsstrategie, die weniger mit dem Erfordernis der konkreten Situation als mit unserer Erfahrung zu tun hat: Unerfahrene Verhandlerinnen tendieren automatisch, reflexhaft und leider meist unbewusst zur Vermeidungsstrategie, zur Anpassung oder zum faulen Kompromiss. Erfahrene Verhandlerinnen dagegen tendieren eher zur Kooperation, so weit möglich. Falls unmöglich, rutschen sie dennoch nicht reflexhaft in eine implizite Strategie hinein, sondern wählen bewusst die am besten passende aus dem Spektrum. Männer tendieren erst zur Konfrontation und werden nur dann kooperativ, wenn sie mit dem Kriegsbeil nicht weiterkommen. Frauen dagegen fangen meist kooperativ zu verhandeln an und wechseln dann zur Konfrontation, wenn sie bemerken, dass sie »im Guten« nicht weiterkommen. Das ist alles zu sehr festgelegt, weil es zu wenig auf Situation und Partner eingeht.

Von Kooperation zu Konfrontation wechseln

 Es gibt keine guten und keine schlechten Strategien. Eine gute Verhandlerin kann auf der ganzen Klaviatur der Strategien spielen.

Sie ist strategie-flexibel, nicht von vornherein oder unreflektiert festgelegt auf eine, zwei Lieblingsstrategien oder einen bestimmten Verlauf des Strategiewechsels. Der idealtypisch weibliche Verhandlungsstil ist strategisch flexibel. Sie nicken? Das ist nett. Netter wäre es, wenn Sie das Erfordernis hinter der Trivialität wahrnehmen würden:

 Wir alle haben Lieblingsstrategien. Wenn wir jedoch strategisch flexibel sein wollen, müssen wir auch und gerade jene Strategien trainieren, die wir ungern und daher selten einsetzen. Welche sind das bei Ihnen? Wie möchten Sie trainieren? An welchen Beispielen? Wann? Mit wem?

# Strategien des gesunden Frauenverstandes

Neben den »großen« Strategien wie Win-Win oder dem Kompromiss gibt es viele kleine: Mischungen aus Merkspruch, verbalisierter Einstellung, Strategie und Selbstmotivation. Diese nützlichen Verhandlungs-Mantras formulieren keine Strategie im engeren wissenschaftlichen Sinne, sondern eine Art strategisches Grundverständnis, das in Verhandlungen spürbaren Rückhalt gibt und Stärke verleiht. Das spüren wir oft schon beim bloßen Lesen dieser Mantras:

**Verhandlungs-Mantras**

- ❏ »Ich gebe nicht klein bei! Ich versuche einfach alles!«
- ❏ »Ich gebe erst Ruhe, wenn ich mein Verhandlungsziel erreicht habe.«
- ❏ »Wenn es diesmal nicht klappt, klappt es das nächste Mal. Ich komme so lange wieder wie nötig.«
- ❏ »Whatever it takes.«
- ❏ »Wenn die mich vorn rauswerfen, gehe ich hinten wieder rein.«
- ❏ »Entweder auf die sanfte oder auf die harte Tour.«
- ❏ »Ich lass mich nicht mehr rumkriegen. Ich bleibe meinen Zielen treu!«

Ohne einen solchen Spruch im Hinterkopf, sozusagen ohne Ihre eigene Mutmacherparole, sollten Sie gar nicht in eine Verhandlung gehen.

Wie lautet Ihre Mutmacherparole für die nächste Verhandlung? Und welches ist Ihre offizielle Strategie?

Spielen Sie beide bitte auf jeden Fall vor der Verhandlung vor Ihrem geistigen Ohr durch: Wenn Sie diese Strategie verfolgen – was und wie argumentieren Sie? Wie wird der Partner reagieren? Welches werden die zu erwartenden strategischen Hindernisse sein?

Sie verhandeln gleich doppelt so gut, wenn Sie vor einer Verhandlung mit einem Sparringspartner üben. Ideal ist ein Partner, der in Typ, Kommunikation, Geschlecht und Verhandlungsführung Ihrem echten späteren Partner ähnlich ist.

# Die chinesische Strategie

Es gibt eine Strategie hinter den Strategien, eine Meta-Strategie, die Sie immer anwenden können. Egal welche der erwähnten Strategien sie wählen. Ich nenne sie die chinesische Strategie, weil sie in Asien und insbesondere in China bei wirklich jeder Verhandlung intensiv praktiziert wird: das Gesicht wahren – auch das eigene.

Wir Frauen sind wirklich gut darin, eine angenehme Verhandlungsatmosphäre zu schaffen – für unsere Verhandlungspartner. Das ist jedoch nur die Hälfte der Meta-Strategie:

 Bleiben Sie fair. Auch sich selbst gegenüber. Wenn Sie dafür sorgen, dass der Partner sein Gesicht nicht verliert, sorgen Sie auch dafür, dass Sie Ihres wahren.

Eine Verhandlung ist nur dann erfolgreich, wenn *alle* Parteien das Gesicht wahren können. Also stecken Sie nicht zu weit zurück, sagen Sie nicht zu oft Ja, wenn Sie eigentlich Nein sagen möchten, gehen Sie niemals unter Ihr Minimalziel. Und: Selbst wenn Sie Win-Lose spielen, lassen Sie den Verhandlungspartner nur auf der Sachebene verlieren, nicht auf der persönlichen Ebene. (Gute) Männer können das nicht schlecht: »Diesmal hast du gewonnen, das nächste Mal gewinne ich.« Man ist sich nicht wirklich böse, sondern akzeptiert sich gegenseitig als sportliche Gegner (und trinkt nicht selten hinterher ein Bier zusammen).

Sportliche Gegner

# Strategiewechsel

Verhandeln beinhaltet immer ein gewisses Dilemma: Wir sollten das eine tun, ohne das andere zu lassen.

**Die beste Strategie nützt nichts, wenn Sie umkippen**

Es ist zum Beispiel wirklich wichtig, dass Sie sich an eine einmal gewählte Strategie auch halten – und nicht beim dritten Nein Ihres Verhandlungspartners umfallen und doch wieder faule Kompromisse schließen. Auf der anderen Seite:

 Verfolgen Sie Ihre einmal gewählte Strategie klug und hartnäckig. Lassen Sie sich nicht von ihr abbringen. Erst wenn Sie alles im Bereich Ihrer Strategie Mögliche versucht haben, aber immer noch nicht am Ziel sind, können und sollten Sie einen Strategiewechsel vornehmen.

Erfahrene Verhandlerinnen gehen berüchtigte Chauvis zum Beispiel erst mal knallhart mit Win-Lose an. Hat der Partner erst einmal kapiert, dass er diese Frau ernst nehmen muss und schlägt er moderatere Töne an, wechselt die erfahrene Verhandlerin auf Win-Win oder einen fairen Kompromiss. Viele Frauen, die es jahrelang mit Kulanz versucht haben, sollten den umgekehrten Weg gehen und endlich auch mal die Zähne zeigen und von der kooperativen zu einer konfrontativen Strategie wechseln. Das ist eine Lebensaufgabe: »Zicken« (die gibt es nicht wirklich, aber Sie wissen, was ich meine) tendieren ein Leben lang dazu, an Win-Lose festzuhalten, auch wenn sie mit einer kooperativen Strategie oft viel bessere Ergebnisse erzielen könnten (und sympathischer rüberkommen würden). Es ist halt so schwer, eine (schlechte) Gewohnheit durch eine bessere zu ersetzen. Dasselbe gilt für die Mimose (die es auch nicht wirklich gibt): Versuchen Sie's doch einfach mal mit klaren Worten! Probieren! Bitte. Einmal wenigstens. Es ist so viel besser, strategisch flexibel zu sein. Ich bin mir sicher: Das bringen Sie sich auch noch bei.

# Die Interessen-Strategie

 Natalia ist Vertriebsingenieurin. Gerade verhandelt sie mit der Inhaberin eines Familienunternehmens. Es geht wie so oft um den Preis. Die Inhaberin möchte auf den ohnehin schon reduzierten Preis nochmals 10 Prozent. Natalia kann höchstens 3 Prozent geben. Wie kommen die beiden sich näher?

Die häufigsten Antworten:

- ❏ »Feilschen«
- ❏ »Die Kundin herunterhandeln«
- ❏ »Sich irgendwo in der Mitte treffen«

Feilschen ist keine gute Strategie, weil sie oft zu faulen Kompromissen und damit zu zwei Unzufriedenen und einer belasteten Beziehung führt. Es gibt Besseres.

 Natalia stellt der Inhaberin eine vordergründig etwas naiv klingende Frage: »Wozu brauchen Sie die 10 Prozent?« »Dumme Frage, die Kosten in diesem Fertigungsbereich müssen runter!« »Okay, das sehe ich ein. Ich mache Ihnen folgenden Vorschlag: 10 Prozent sind völlig unmöglich, 3 Prozent gebe ich Ihnen sofort. Die restlichen 7 Prozent bekommen Sie, indem unsere Prozessingenieure Ihren Anlagenpark optimieren. Ihr Fertigungsleiter hat mir verraten, dass da viel Potenzial brachliegt, weil die Maschinen nicht materialflussoptimal aufgestellt sind. Wir berechnen nur die Hälfte der Beratungsstunden. Damit sparen Sie die 7 Prozent nicht nur einmal, sondern von jetzt ab jedes Jahr.« Warum geht die Inhaberin darauf ein, obwohl sie ihre Forderung von 10 Prozent nicht einmal annähernd durchsetzt?

Nutzen Sie den
Unterschied zwi-
schen Position und
Interesse!

Weil Natalia zwar nicht die Position ihrer Verhandlungspartnerin
wahrt (die 10 Prozent), aber deren Interesse (die Kostensenkung).
Der Rabatt ist die Position der Inhaberin – und Positionen sind
meist so festbetoniert, dass man wirklich nur noch feilschen kann.
Hinter jeder Position steckt aber ein Interesse (Kostensenkung im
Fertigungsbereich). Wer dieses Interesse identifiziert und darüber
(statt über die Position) verhandelt, kommt sehr viel weiter, als
wenn er über Positionen verhandelt.

# Die Schilfgras-Strategie

 Welche Menschen sind im Leben am erfolgreichsten, auch
was Glück und Zufriedenheit anbelangt? Okay, überfor-
dernde Frage, ich helfe Ihnen ein wenig: Sind es die
Klugen, die Hochintelligenten, die Intelligenzbestien?
Wenn ich schon so frage, lautet die Antwort offensichtlich
Nein. Aber wer hat dann überdurchschnittlich Erfolg?

Am erfolgreichsten, auch in Verhandlungen, sind nicht die Klugen,
sondern die Hartnäckigen und Mutigen. Also die intellektuellen
Durchschnittsmenschen. Jene, die nicht rasend intelligent sind, aber
dranbleiben. Warum ist das so? Weil die Hochintelligenten zwar
faktisch (meist, nicht immer) besser verhandeln, sich ihr Intellekt
aber häufig gegen sie selber wendet: Sie sind überkritisch sich selbst
gegenüber, demotivieren sich, geben zu früh auf, nehmen sich
Verhandlungsfehler zu sehr zu Herzen, machen es zu kompliziert,
kommen menschlich »zu wenig rüber«. Die weniger intelligenten
Zeitgenossen dagegen lassen einfach nicht locker. Sie bleiben dran,
geben nicht auf. Sie sind wie Schilfgras: Der Sturm knickt die Eiche.
Er wirft auch das Schilfgras zu Boden. Doch das Schilfgras steht
wieder auf. Es ist zu »dumm«, um zu kapieren, dass man liegen
bleiben muss, wenn man am Boden liegt. Das Schilfgras denkt sich
nichts dabei. Es steht einfach wieder auf.

**STOP** Die meisten Menschen und insbesondere Frauen geben auf oder geben sich mit einer schwachen Lösung zufrieden, noch bevor ein Thema *ausverhandelt* ist.

Verhandeln Sie immer ein wenig länger, als Sie eigentlich möchten. Stehen Sie immer wieder auf. Nach jedem Rückschlag, jedem Nein, jedem eigenen Verhandlungsfehler, jedem Anfall von Resignation, jedem Killerargument des Gegenübers, jedem …

Stehen Sie immer wieder auf!

# Strategisch denken

Es ist gut, wenn Sie wissen, was Sie wollen. Wenn Sie sich gute Argumente zurechtgelegt haben. Wenn Sie Ihr Selbstwertgefühl gestärkt haben. Was aber, wenn die Verhandlung ins Stocken kommt, Ihre Argumente widerlegt werden oder Sie einfach nicht mehr weiterwissen? Dann ist da immer noch Ihre Strategie.

 Beate zum Beispiel sagt: »Immer wenn es schwierig wird, erinnere ich mich an meine Strategie. Das gibt mir die nötige Kraft und Orientierung. Denn selbst wenn mir kein konkretes Argument einfällt, weiß ich doch: Hauptsache, ich halte unsere Kooperation am Leben oder ich zeige mich kompromissbereit oder ich lasse ihn nicht gewinnen. Je nach meiner aktuellen Strategie. Wenn ich mir das sage, weiß ich auch sofort wieder weiter.«

Eine Strategie ist der Nordstern in der Nacht. Sie gibt Richtung, Sicherheit und Orientierung. Und das ist oft schon die halbe Miete. Denn wie die Erfahrung zeigt, sind Unsicherheit, Intransparenz und Komplexität mit die häufigsten Gründe, warum in Verhandlungen schlechte Ergebnisse erzielt werden. Wer eine Strategie hat, an der er sich festhalten kann, übersteht jeden Verhandlungssturm und kommt sicher ans Ziel. Welches ist Ihre Strategie?

# 5   Ich verhandle taktisch klug!

*Habe den Mut, dich deines*
*eigenen Verstandes zu bedienen.*
Immanuel Kant

## Das Eis brechen

Es ist erstaunlich, wie sehr sich der Mensch dagegen wehrt, in einer besseren Welt zu leben. Manchmal begegne ich Leuten in Verhandlungen, die vor 20 Jahren auch schon dieselben Fehler gemacht haben. Sie verhandeln, aber sie reflektieren ihr Verhandeln nicht. Also lernen sie nichts hinzu. Sie machen immer wieder dieselben taktischen Fehler.

Das beginnt schon ganz am Anfang von Verhandlungen. Unerfahrene, ihre Versagensangst überkompensierende, dominante Frauen oder toughe Managerinnen fallen oft mit der Tür ins Haus: »Also ich habe mir das so vorgestellt: …« Warum führt das zu Reaktanz (Widerstandsverhalten)? Weil sich kein Mensch gern überfahren lässt, auch nicht fürsorglich. Die Überfall-Taktik ist zwar meist unbewusst, aber eine Selbstsabotage-Taktik. Andere eiern minutenlang herum, reden übers Wetter und machen Small Talk, weil sie nicht wissen, wie und wie schnell sie zum Punkt kommen sollen/dürfen. Damit kommt frau ihrem Verhandlungsziel keinen Millimeter näher, verschwendet viel Zeit und bringt meist den Verhandlungspartner gegen sich auf, weil dieser die Zeitverschwendung nicht versteht. Daher:

Aus den eigenen Fehlern nichts gelernt

Die beste Eröffnung ist die Betonung einer unbestrittenen, durchaus auch trivialen Gemeinsamkeit (ein wesentlicher Erfolgsfaktor für Verhandlungen).

Also zum Beispiel (mit freundlichem und selbstsicherem Lächeln): »Schön, dass wir uns zu Thema X gemeinsam an den Tisch setzen.« Ein einziger Satz – und schon sind Sie nicht nur direkt beim Thema, sondern der andere auf der Beziehungsebene auch im Boot. Sie können dem anderen auch für das Offensichtliche danken, das verbindet ebenfalls: »Herzlichen Dank, dass Sie sich die Zeit nehmen, mit mir über X zu reden.«

**Wer macht den ersten Zug?**

Danach beginnt bei jenen, die etwas von Taktik zu verstehen meinen, häufig das taktische Eröffnungsgefecht: Keiner will den ersten Schritt machen und seine Position offenbaren. Warum? Weil man dadurch Nachteile befürchtet. Das ist eine Amateur-Furcht. Mit Geheimniskrämerei kann man nicht verhandeln! Irgendwann müssen Ziele, Interessen und Argumente auf den Tisch. Und wenn keiner anfangen will, dann mache ich gern den ersten Schritt. Es ist wie beim Schach: Wer den ersten Zug machen darf, ist im Vorteil, weil der andere »nachziehen« muss. Auch bei allen Aufschlagspielen (Tennis, Volleyball …) ist das so.

Warum ist das »Aufschlagsrecht« auch bei Verhandlungen ein Vorteil? Empirische Studien zeigen, dass der erste Vorschlag in Verhandlungen das Endergebnis präjudiziert, quasi vorherbestimmt: Wer zum Beispiel mit einer total überzogenen Maximalforderung eröffnet, erntet zwar heftigen Widerspruch und wird stark heruntergehandelt – doch das Ergebnis ist immer noch wesentlich besser, als wenn eine Verhandlerin mit einer moderaten Forderung begonnen hätte. Dieses Phänomen nennen die Verhaltensforscher Anchoring, Ankerung: Der Mensch verankert sich sozusagen geistig an der zuerst vorgebrachten Äußerung – egal wie schwachsinnig diese ist (der menschliche Verstand braucht Anker, Orientierung; er ist so konstruiert).

Selbst für den Fall, dass Sie sich partout nicht den ersten Schritt zutrauen, gibt es einen taktischen Kniff: »Ich würde gern Ihren

Standpunkt zum Thema X kennenlernen.« Damit laden Sie den anderen ein, den ersten Schritt zu machen (immerhin geht die Verhandlung dann endlich los).

Häufig höre ich die Frage: »Aber wie kann ich sicher sein, dass der andere ernste Verhandlungsabsichten hat und mich nicht bloß aushorchen will?« Das können und sollten Sie nachprüfen:

 Prüfen Sie die Ernsthaftigkeit der Absichten des Partners, indem Sie Plausibilitätsfragen stellen.

Zum Beispiel: »Was würden Sie als Erfolg unserer Verhandlung bezeichnen?« Wer den anderen nur aushorchen will, antwortet meist verräterisch pauschal, weil er sich kaum konkrete Gedanken über Verhandlungsverlauf und -ergebnis gemacht hat. Sobald Sie die Unstimmigkeiten hinterfragen, wird das Lügengebäude sichtbar. Tief blicken lässt auch die Frage nach den Konsequenzen einer erfolgreichen Verhandlung. Eine strategische Einkäuferin bei einem Automobilbauer fragt ihre Lieferanten in spe gern nach den kapazitären Konsequenzen: »Wenn unsere Verhandlung Erfolg hat, müssen Sie zwei Leute für die Qualitätssicherung abstellen. Woher sollen die kommen?« Was der Partner daraufhin sagt, ist weniger wichtig, als wie er es sagt: Ausweichende, zögerliche Antworten weisen darauf hin, dass der Partner sich keine Gedanken über die Konsequenzen der Verhandlung gemacht hat, er es mithin auch nicht sonderlich ernst meint oder sonderlich kompetent ist.

> Meint es der andere ernst?

 Finden Sie zu Beginn möglichst schnell heraus, welche Strategie Ihr Partner verfolgt!

Was hat der andere vor? Kooperation? Konfrontation? Ist er an einer beiderseitig befriedigenden Lösung interessiert? Oder sucht er nur seinen eigenen Vorteil? Das hört sich trivial an, aber glauben Sie mir: Die meisten achten nicht darauf, spulen ihre Argumente ab und beschweren sich dann hinterher, dass der andere so unkoopera-

tiv war. Das heißt, sie verhandeln ohne Rücksichtnahme auf die Partnerstrategie! Mit dieser Achtlosigkeit macht man sich die Verhandlung kaputt, weil man quasi am anderen vorbei verhandelt. Warum tun Frauen das? Weil sie nicht wissen, wie sie mit unkooperativen Verhandlungspartnern umgehen sollen. Eine taktische Schwäche, die sich leicht beheben lässt:

 Versuchen Sie zu Beginn einer Verhandlung, unkooperative Partner vom Baum zu holen.

Selbst Machos und Chauvis sind nämlich meist deshalb unkooperativ, weil sie die Hosen voll haben. Männer werden in für uns Frauen unvorstellbarem Maße von anerzogenen Versagensängsten geplagt. Deshalb ist es immer ein guter Tipp, Entgegenkommen, Flexibilität und Erfolgsaussicht zu signalisieren: »Sie kennen jetzt meine Position. Aber lassen Sie mich sagen: Ich habe genug Verhandlungsspielraum, damit wir ein für beide Seiten herausragendes Ergebnis erzielen können.« Das hebt die Stimmung meist enorm. Selbst wenn nicht: Sie vergeben sich damit nichts und es schadet auch nicht.

## Welches sind seine Interessen?

Die meisten Menschen glauben: Wenn über Thema X verhandelt wird, wird über Thema X verhandelt. Das ist ein großer Irrtum und einer der häufigsten Gründe, warum Verhandlungen zäh und wenig erfolgreich verlaufen.

Frauen sind zu gut für diese Welt. Wenn sie in eine soziale Interaktion (Beziehung, Beischlaf, Kauf, Verhandlung, Erziehung …) gehen, dann unterstellen sie dem Partner meist nur die besten Absichten. Logisch: Welche Frau geht schon in einen Laden, dessen Verkäufern sie böse Absichten unterstellt? Leider ist diese Logik so logisch wie Hummer mit Nutella.

Ute geht in einen großen Elektro-Markt, um sich eine Jura zu leisten, eine Luxus-Kaffeemaschine. Sie steht vor den Jura-Geräten und kriegt glänzende Augen. Ein Verkäufer kommt vorbei. Nach zwei Minuten stehen sie vor den Siemens-Geräten. Schöne Maschinen, ohne Zweifel. Ute kommt immer wieder auf ihre Jura zu sprechen. Der Verkäufer hört nicht auf, die Siemens zu preisen. Nach sage und schreibe 28 Minuten gibt Ute auf und geht. Doofer Verkäufer? Was würden Sie sagen?

**STOP** Hören Sie auf, Menschen unbewusst irgendwelche (ehrenhaften) Interessen zu unterstellen!

In Verhandlungen gilt, was eigentlich in jeder menschlichen Kommunikation gelten sollte: Als Interesse des Partners dürfen Sie nur und ausschließlich das behandeln, was dieser entweder expressis verbis oder durch konkludentes Verhalten als eigenes Interesse unmissverständlich bekundet – und nicht, was Sie aufgrund seines Berufs ihm als Interesse unterstellen! (Schlecht geschulte) Verkäufer sind eben meist nicht die Bohne daran interessiert, was Kunden wollen. Sie sind daran interessiert, das zu verkaufen, was der (schlecht managende) Chef ihnen befohlen hat – und was meist im Gegensatz zu dem steht, was der Kunde will, braucht und bezahlen kann/möchte. Kommen Sie jetzt darauf, welche Fehler Ute begangen hat?

Wenn Ute eine Jura will und der Verkäufer nach zwei Minuten bei den Siemens steht, spätestens dann sollte sich Ute fragen: Was will der eigentlich von mir? Möchte der, was ich möchte? Oder verfolgt der seine eigenen Interessen? Und welches sind diese? Danach sollte Ute ihren Interessenverdacht fragend erhärten: »Gehe ich recht in der Annahme, dass Sie mir lieber eine Siemens verkaufen wollen?« Wenn er danach stottert, ausweicht oder herumdruckst (machen schlecht geschulte Verkäufer immer), ist die Sache klar: »Danke für Ihre Beratung. Ich nehme mir jetzt die Jura und gehe zur Kasse.«

Unterstellen gilt nicht!

Und wenn Sie gerade dabei sind, die Interessen abzuklären, klären Sie auch gleich die Ziele Ihres Gegenübers ab. Wie bitte? Und danach binden Sie ihm die Schuhe und putzen ihm die Nase? Sozusagen. Die traurige Wahrheit ist: Die meisten Menschen sind weder willens noch fähig oder auch nur in der Lage, ihre Verhandlungsziele als solche zu artikulieren. Sie wissen nicht, was sie wollen – doch sie argumentieren stundenlang wie die Weltmeister (im Nebel der Ziellosigkeit). Also fragen Sie: »Was wäre für Sie ein akzeptables Verhandlungsergebnis?« Und dann fragen Sie so lange nach, bis Sie sein Ziel nicht nur verstanden haben, sondern bis es kein Nicht-Ziel mehr ist, sondern verständlich, nachvollziehbar, konkret, so weit wie möglich quantifiziert und mit Zeit- und Kostenvorstellungen versehen. Die Wirkung dieser Zielklärung ist exorbitant. Eine Seminarteilnehmerin berichtet: »Mir hat immer vor Verhandlungen mit X gegraut. Er redet und redet und wir drehen uns im Kreis. Seit ich ihm helfe, herauszufinden, was er eigentlich will, sind wir in der Hälfte der Zeit durch – und beide danach zufrieden.«

Dem anderen bei der Zielformulierung helfen

Preisfrage: Was ist mindestens genauso wichtig wie das Ergründen der Interessen Ihres Verhandlungspartners? Das Offenbaren Ihrer eigenen. Damit Ihr Partner seinerseits weiß, woran er mit Ihnen ist: »Mein Hauptinteresse in dieser Verhandlung besteht darin … Es wäre schön, wenn wir dieses Interesse gemeinsam wahren könnten.« Warum ist diese Offenbarung nötig? Weil, so leid es mir tut, die meisten Menschen weder dieses noch ein anderes Buch zur Verhandlungsführung lesen. Sie verhandeln mit Ihnen, ohne sich im Mindesten darum zu scheren, welches Ihre Interessen, Ziele oder Befindlichkeiten sind. Das ist so, als ob man versucht, ein Auto ohne Reifen zu fahren. Purer Quatsch. Doch das wissen Fahranfänger nicht. Also müssen Sie ihnen sagen, dass man zum Fahren Räder braucht.

Werden Sie dadurch nicht erpressbar? Wenn Sie von vornherein sagen, was Sie wollen, kann der Verhandlungspartner Sie dann nicht austricksen, erpressen, verhungern lassen? Ja, könnte er und würde er vielleicht auch tun – wenn Sie ihn lassen. Aber nur deshalb

mit verdeckten Karten, also »unehrlich« zu spielen, um nicht betrogen zu werden, ist die schlechtere Option: Wenn alle lügen, kommt erfahrungsgemäß wenig bei Verhandlungen heraus.

# Taktische Fallen vermeiden

In Verhandlungen wie im Rest vom Leben schaden wir uns oft selbst am meisten. Indem wir zum Beispiel haarsträubende taktische Schnitzer begehen. Fehler der Art: »Eigentlich hätte ich mir das denken können.« Also triviale Fehler.

 Als »trivial« bezeichnet der didaktische Laie jene Lösungen, die ihm jedes Mal, nachdem er vergessen hat, sie anzuwenden, so einleuchtend erscheinen, dass er sie das nächste Mal prompt auch wieder vergisst.

Welches ist einer der häufigsten taktischen Fehler beim Verhandeln? Na los, ist doch trivial! Keine Bange, Sie kommen nicht drauf. Das Triviale am Trivialen ist nämlich, dass wir meist erst hinterher draufkommen. Drehen wir den Spieß mal um und sagen im Voraus, was ein taktischer Fehler ist:

**STOP** Schwache Verhandler nerven.

Die US-Forscherin Nancy Adler begleitete Verhandlungen mit Stoppuhr und Strichliste. So fand sie zum Beispiel heraus, dass durchschnittliche (also noch nicht einmal schlechte!) Verhandler ungefähr elf Äußerungen pro Stunde abgeben, die ihre Verhandlungspartner offensichtlich irritieren. Können Sie sich das vorstellen? Sie verhandeln mit jemandem, der Ihnen regelmäßig alle fünfeinhalb Minuten auf den Keks geht. Wie geht es Ihnen dabei? Werden Sie mit diesem Partner ein optimales Verhandlungsergebnis erzielen? Eher friert die Hölle zu.

Als »nervend« empfinden Verhandlungspartner regelmäßig Sätze wie:

- ❑ »Warum müssen Sie immer wie ein Ingenieur argumentieren!«
- ❑ »Das ist aber ein seltsamer Vorschlag.«
- ❑ »Ob das wirklich so gut ist? Also ich weiß nicht.«

**Erfolgreiche Verhandlerinnen nerven fünfmal weniger!**

Erfolgreiche Verhandlerinnen irritieren ihre Partner nur etwas mehr als zweimal die Stunde: Wer weniger nervt, hat mehr Verhandlungserfolg und wird als sympathischer wahrgenommen, was sich wiederum positiv auf den Erfolg auswirkt.

 **Nerv nicht!**

Am besten geht das, indem man gar nichts sagt, immer schön freundlich lächelt und möglichst noch blond ist? Ja, klar. Im Gegenteil: Wer nur lieb und nett ist, um anderen nicht auf die Nerven zu gehen, ist zwar lieb und nett, vernachlässigt aber seine Ziele, Interessen und Argumente. Die Kunst besteht ganz offensichtlich darin, in der Sache keinen Millimeter von seinen Zielen abzuweichen und in der Formulierung dabei so kulant und beziehungsfreundlich zu bleiben, dass der andere eben nicht irritiert wird. Also nicht: »Das ist kein guter Vorschlag!« Sondern zum Beispiel: »Darüber möchte ich noch mit Ihnen reden. Könnten Sie sich vorstellen …?«

Zugegeben: Gerade Frauen fällt es oft schwer, nicht zu irritieren (Männer versuchen es gleich gar nicht). Es benötigt einige Tage Training. Denn wenn wir reden oder verhandeln, wählen wir unsere Worte ja nicht nach dem Kriterium »Nerv ich schon wieder?«. Gleichzeitig ist das auch schon die Lösung und der Grund, warum frau sich das Irritieren relativ schnell abgewöhnen kann:

Sobald wir uns beim Reden fragen: »Wie wird der andere auf das reagieren, was ich sagen will?«, reicht die Kraft unserer Aufmerksamkeit aus, um tatsächlich besser anzukommen.

Das ist die Kraft der Achtsamkeit. Neuerdings heißt das auch »gewaltfreie Kommunikation«.

Klar? Klar. Warum irritieren dann immer noch so viele Frauen in Verhandlungen und Alltagssituationen? Weil das Reptilienhirn (Stammhirn) öfter mit uns durchgeht. Wir irritieren ja nicht grundlos. Wir nerven, weil der andere uns nervt. Dann denkt unser Reptilienhirn reflexbedingt: »So gemein! Jetzt sag ihm/ihr aber mal die Meinung!« Wir glauben in dieser Sekunde ehrlich, dass uns eine Retourkutsche nützt. Erst hinterher schaltet sich das Großhirn wieder ein: »Das nützt doch nichts, das nervt doch bloß!« Es ist nicht wirklich schwer, diesen (und fast jeden anderen) Reflex abzuschalten: Achten Sie bewusst darauf. Fragen Sie sich: »Wie kommt das beim anderen an, was ich gleich sagen möchte?« Wer diese Frage ein Dutzend Mal einübt, dem wird sie schnell zur zweiten Natur.

# Wer nur verhandelt, verhandelt nicht richtig

Nancy Adler fand außerdem heraus, dass schwache Verhandler das Verhandeln überschätzen: Sie argumentieren zu viel! Ja macht man das denn nicht in Verhandlungen? Eben nicht. Nicht ausschließlich.

 Wer nur argumentiert, was vergisst er dabei?

Richtig: zuhören. Genauer: aktives Zuhören. Durchschnittliche (wiederum: nicht schlechte!) Verhandler hören ungefähr 8 Prozent ihrer Verhandlungszeit aktiv zu, erfolgreiche dagegen fast 18

Gute Verhandler hören zu

Prozent, also mehr als doppelt so lange. Über Ihren Verhandlungserfolg entscheidet also nicht nur das, was Sie sagen, sondern auch, ob und wie gut Sie zuhören (können)!

Ich weiß, Sie winken innerlich ab. Weil Sie das alles bereits hundertmal gehört haben. Schön. Dann verraten Sie uns doch: Was heißt aktiv zuhören? Was machen Sie dabei?

Es gibt keine korrekte Antwort, sondern zwei:

❏ Aktiv zuhören im Sinne von »Habe ich Sie richtig verstanden?«.
❏ Aktiv zuhören im Sinne von »Darf ich das so zusammenfassen?«.

Wie ist die Gewichtung zwischen beiden Arten des Zuhörens? Sehr erhellend: Erfolgreiche Verhandlerinnen hören ungefähr 10 Prozent der gesamten Verhandlungszeit nur deshalb zu, um herauszufinden, ob sie den Partner überhaupt richtig und umfänglich verstehen. Durchschnittliche Verhandlerinnen verwenden dafür nur 4 Prozent ihrer Zeit, also noch nicht einmal die Hälfte. Starke Verhandlerinnen hören fast 8 Prozent ihrer Zeit nur zu, um die Äußerungen des Gegenübers danach korrekt zusammenzufassen. Durchschnittliche verwenden dafür wieder nur 4 Prozent ihrer Zeit.

 Wer sich bewusst die Mühe macht, den anderen fragend und schweigend zu verstehen und zu spiegeln, wird mit dem größeren Erfolg belohnt.

Welche Taktik, die nicht auf Argumentation beruht, trägt daneben noch zum Verhandlungserfolg bei?

Eigentlich könnte man draufkommen: Fragen. Erfolgreiche Verhandlerinnen verwenden sage und schreibe 21 Prozent ihrer Verhandlungszeit nicht für Argumente, Vorschläge und Begründungen, sondern für Fragen. Wir kennen zwar alle den Spruch: »Wer fragt, der führt«, doch nur wenige fragen tatsächlich (genug).

Durchschnittliche Verhandlerinnen verwenden nicht einmal die Hälfte der Zeit der Erfolgreichen für fragendes Führen.

Ebenso offensichtlich ist der Unterschied bei den Begründungen für eigene Argumente. Durchschnittliche Verhandlerinnen führen pro Argument drei Belege oder Begründungen an, erfolgreiche Verhandlerinnen dagegen im Schnitt nicht einmal zwei.

**STOP** Zwei Begründungen stärken ein Argument, drei verwässern es.

Viel nützt nicht viel

# Hart, aber fair

Es erstaunt nicht, dass selbst Frauen mit viel Verhandlungserfahrung unter Defiziten bei konfrontativen Taktiken leiden. Entweder sie verhandeln zu brav und werden überfahren. Oder sie zicken – als ob das eine taugliche konfrontative Taktik wäre. Es gibt Besseres. Keine Angst, Sie müssen dafür nicht brutal oder unweiblich werden. Im Gegenteil. Es gibt so viele wunderbar weibliche Taktiken der Konfrontation mit Niveau, die nur leider kaum eine kennt oder anwenden kann – obwohl sie so offensichtlich sind.

**To do** Gabriele ist vom Donner gerührt. Sie verhandelt mit einem Chemie-Konzern darüber, welchen Feinheitsgrad ein bestimmtes Vorprodukt haben soll, da eröffnet ihr der Konzerneinkäufer völlig unvermittelt: »Auch werden wir das Zahlungsziel von 30 auf 90 Tage ausdehnen.« Gabriele ist sprachlos. Für einen mittelständischen Betrieb bedeutet das bei der aktuellen Kreditklemme der Banken eine existenziell bedrohliche Liquiditätsbelastung! Was wäre in dieser Situation ein taktischer Fehler?

Es gibt viele Antworten darauf. Womit Verhandlerinnen in solchen Situationen am häufigsten reagieren, ist Empörung, Rechtferti-

gung, Überzeugungsversuche. Warum frisst das viel Zeit, frustet beide nur noch mehr und bringt in der Sache nichts? Weil es gar nicht mehr um die Sache geht. Dem Partner geht es ganz offensichtlich rein um die Konfrontation.

**STOP** Wenn der Partner eine Konfrontation vom Zaun bricht, können Sie nicht mit der Sache weitermachen!

Erkennen Sie die Konfrontation als solche. Und gehen Sie auf sie ein. Zum Beispiel fragend: »Welchen Grund hat das?« Das bringt zwar inhaltlich meist nicht viel, holt den Partner aber zumindest ein Stück von seinem Baum herunter. Denn wer konfrontiert, bei dem sprudelt natürlich auch selbst das Adrenalin hoch (was meist übersehen wird).

Danach fragen mich viele: »Aber wie wehre ich mich gegen solche unfairen Tricks? Mit welchen Argumenten?« Mit einem Argument, das so naheliegt, dass die meisten nicht darauf kommen:

 **Tipp** Schweigen ist das einzige Argument, das sich nicht widerlegen lässt.

Schweigen verunsichert den anderen

»Wenn's mir zu blöd wird«, sagte Meike, »dann bin ich einfach still.« Sie sagt gar nichts mehr, lässt auf ihrem Gesicht lediglich die Gedanken spielen, die ihr durch den Kopf gehen. Der Effekt setzt meist sofort ein: Das Gegenüber weiß nicht, was nun los ist, was Meike plant, warum sie schweigt. Die Reaktion ist Verunsicherung und Deeskalation. Kaum einer kommt auf den Gedanken, nun auch zu schweigen. Nein, die Leute reden und reden sich um Kopf und Kragen. Und je länger Meike schweigt, desto verunsicherter werden selbst die härtesten Hunde. Denn schlimmer als Widerspruch ist für Konfrontateure der drohende Gesprächsabbruch, den ein Schweigen implizit ankündigt. Je länger das Schweigen dauert, desto größeres Gewicht bekommt das, was man nach dem Schweigen sagt. Das sollte sein: »Tut mir leid, das ist so weit von meinen

Vorstellungen entfernt, dass mir nichts mehr dazu einfällt.« Das setzt den Konfrontateur in Zugzwang: Er hat mit der Konfrontation angefangen, aber jetzt steckt er in der Sackgasse. Er muss Ihnen einen Schritt entgegenkommen. Tut er das nicht, bleiben Sie einfach Ihrer Linie treu: Sie weiten Ihr Schweigen aus, indem Sie eine Verhandlungspause ankündigen. Vorsicht: Nicht darum bitten! Das ist ein Zeichen von Schwäche. Einfach aufstehen und sagen: »Jetzt machen wir erst einmal fünf Minuten Verhandlungspause.« Und den Raum verlassen.

Der Konfrontateur wollte mit seinem Manöver die Oberhand gewinnen und sitzt jetzt einsam und verlassen im Raum und fragt sich, ob er zu hoch gepokert hat. Sie dagegen können sich rasch sammeln, Ihr weiteres Vorgehen planen und sich mit anderen beratschlagen.

Nachdem Sie zurück sind, können Sie immer noch einen draufsetzen und eine Unterbrechung oder Vertagung der Verhandlung verkünden. Wozu sich mit Konfrontateuren streiten, wenn man auch schweigen und vertagen kann?

Guter Tipp? Sicher. Und wirksam. Das Transferproblem dabei ist der Quasselreflex: Wir sind's halt so gewohnt! Deshalb empfehle ich selbst erfahrenen Verhandlerinnen, das taktische Schweigen erst einmal in der privaten Kommunikation auszuprobieren. Gerade dort zeigt es übrigens ungeheure Wirkung. Wenn ein Partner auch nur einen Funken guten Willens übrig hat, wird er auf ein Schweigen immer mit Entgegenkommen und Verständnisbemühungen, zumindest mit einem Einstellen seiner Attacken reagieren. Hat er diesen Funken nicht mehr, dann ist es sowieso egal, was er sagt …

Schweigen will gelernt sein

## Nein heißt Nein

Sie müssen nicht immer schweigen, um sich zu wehren. Sie können auch was sagen.

Gabriele würde am liebsten sagen: »Sie können doch nicht einseitig das Zahlungsziel verdreifachen! Das ruiniert uns!« Für wie klug halten Sie diesen Zug? Warum?

Nicht klug. Gabriele kommt rüber wie ein kleines Mädchen: quengelnd. Männer lieben es, wenn Gegner (nicht nur Frauen) derart die Fassung verlieren und quengeln, (an)klagen oder an die Vernunft appellieren: »Denken Sie dabei doch auch mal an uns!« Lachhaft. Ja, ich weiß, es ist traurig, dass wir in einer Welt leben, in der ein Appell an die Vernunft als Zeichen von Schwäche interpretiert wird. Ich habe den Kapitalismus nicht bestellt … Appellieren Sie nicht. Ziehen Sie die Bremse.

 Wenn Sie Stopp sagen, sagen Sie es betont sachlich, kühl und souverän.

**Inakzeptable Vorschläge**

Gabriele könnte zum Beispiel sagen: »Das Gespräch dreht sich in eine Richtung, in die ich nicht gehen möchte. Machen Sie mir bitte einen anderen Vorschlag.« Selbst wenn dieser nicht kommt: Sie hat den Schwarzen Peter jetzt dem Konfrontateur zugesteckt.

Es gibt noch eine elegantere Art, mit inakzeptablen Vorschlägen umzugehen. Sie erfordert einen gut sortierten analytischen Verstand: Reden Sie nicht über das, was der Partner sagt, sondern über das, was er stillschweigend annimmt.

Das gilt generell. Bei inakzeptablen Äußerungen tritt es aber ganz deutlich zutage.

 Welche Annahme unterstellt Gabrieles Verhandlungspartner, möglicherweise unbewusst?

Es ist offensichtlich: Er nimmt an, dass Gabrieles Firma die Zahlungszielverlängerung per Kontokorrent, Überbrückungskredit oder Cashflow vorfinanzieren kann. Also muss Gabriele ihm nicht die Augen

auskratzen und ihn anschreien, dass er ein unverschämter Ausbeuter ist. Sie kann ganz locker die Nadel in den Luftballon seiner Annahme stecken: »Gern verdreifachen wir Ihr Zahlungsziel. Das funktioniert unter der Annahme, dass wir das finanzieren können. Können wir aber nicht. Sie kennen die restriktive Kreditpolitik der Banken.« Keine weiteren Erklärungen, keine Rechtfertigungen, kein Bedauern. Denken Sie dran: Gute Argumente nicht verwässern!

Aber Gabrieles Firma braucht den Auftrag doch! Und das weiß der Konfrontateur auch! Und er weiß, dass Gabriele weiß, dass er weiß, dass sie es weiß ... Stopp! Genau das verstehen Laien unter Taktik – und genau das ist es nicht. Es ist Fucking with your brain, wie die Amerikaner es unfein ausdrücken. An dieser Stelle lernen wir etwas, das ungeheuer wichtig ist und das Frauen (und sehr vielen braven, anständigen Männern) so schwerfällt, wie Drillinge auf die Welt zu bringen:

 Irgendwann kommt in vielen Verhandlungen der Punkt, an dem Sie »Stopp!« sagen müssen.

Das klingt trivial. Das ist trivial. Und unendlich schwer. Aber unendlich nötig. Danach werden Sie sich super fühlen. Es ist dabei völlig egal, ob Sie das Stopp aus ökonomischen, finanziellen, technischen oder rein persönlichen Gründen sagen müssen. Vor allem bei erfahrenen Verhandlerinnen sind es überraschend oft persönliche Gründe. Ganz viele Profi-Verhandlerinnen sagen mir: »Irgendwann war einfach der Punkt erreicht, an dem ich dachte: Aus. Vorbei. Das lasse ich weder mit meinem Unternehmen noch mit mir machen. Und wenn mir mein Chef den Kopf abreißt. Soll er. Ich hab auch meinen Stolz.« Und dann sagen Sie ganz einfach leise, bestimmt, freundlich, aber mit dem Eis des Scharfrichters in der Stimme Nein. Ich kenne keinen noch so hirnlosen Chauvi oder Macho und auch keine Chef-Zicke (gibt es auch), die das nicht beeindrucken würde. Entweder ist danach die Verhandlung tatsächlich aus – und Sie fühlen sich gut, *weil Sie es nicht mit sich machen lassen haben!* Oder die Verhandlung geht vernünftig wei-

Jederzeit Nein sagen können

ter, weil Ihr Nein Wirkung zeigt – und Sie fühlen sich ebenfalls gut (Ihr Partner übrigens meist auch).

Die gefühlte Steigerung der Stopp-Taktik ist die Kompromisslos-Taktik. Gabriele könnte zum Beispiel sagen: »60 Tage, Maximum. Und bevor Sie versuchen, mich weiter hochzuhandeln: 60 Tage ist mein Limit. 60 Tage – keine Kompromisse.« Und weil gute Verhandler trotzdem versuchen werden, Gabriele weiter hochzu-handeln, empfiehlt sich die Sprung-in-der-Platte-Taktik.

 Wiederholen Sie einfach freundlich lächelnd Ihr letztes Argument – bis die Zunge blutet.

Das müssen Sie nicht lange durchhalten. Nach drei bis fünf Wiederholungen merkt jeder, dass es Ihnen ernst ist.

## Das Kleingedruckte

*Besser vorsichtig als naiv*

Ich weiß, wie oft ich das schon wiederholt habe. Deshalb wiederho-le ich es nochmals: Frauen gehen unbewusst davon aus, dass Menschen ihnen Gutes wollen. Das ist schon innerhalb der eigenen Familie eine etwas heikle Annahme (außerhalb von Muttertag, Ostern und Weihnachten – und oft auch da). In Verhandlungen ist sie einfach nur bodenlos naiv. Ich sage nicht, dass Sie paranoid werden und von allen immer nur das Schlimmste annehmen sollen. Aber es gilt das Gebot der taktischen Vorsicht: Seien Sie an jedem Punkt einer Verhandlung erst mal (kaufmännisch) vorsichtig.

 Wenn Sie das Kapitel, das Sie eben gelesen haben, vor Ihrem geistigen Auge Revue passieren lassen, was fehlt noch? Was haben wir bislang übersehen?

Antwort: die Zeit nach der eigentlichen Verhandlung. Diese wird fast immer übersehen nach dem Motto: Ist ja alles verhandelt! Ein

gefährlicher Irrtum. Egal mit wem Sie verhandeln, prüfen Sie nach der Verhandlung den Vertrag.

Im deutschen Einzelhandel, bei Banken, Versicherungen und beim Autohändler ist es guter Brauch (es gibt Ausnahmen), dass Sie nach einer erfolgreichen Verhandlung einen Vertrag zur Abzeichnung bekommen, der bestimmte Ergebnisse Ihrer Verhandlung unterschlägt, andere verfälscht und dritte neu hinzunimmt, über die nie verhandelt wurde. Weil Ihr Vertragspartner darauf vertraut, dass Sie den Vertrag nicht lesen werden. Wer liest schon Verträge?

Oder weil Ihr Vertragspartner den Vertrag gar nicht selbst aufgesetzt hat, sondern seine Hausjuristen, und weil diese Damen und Herren einige rechtliche Regelungen eingestellt haben, die nur in ein Gesetzbuch, aber nicht in die wirkliche Welt passen. Oder weil die Globalisierung zuschlug.

**Prüfen Sie nach der Verhandlung den Vertrag**

 Franziska ist Leiterin einer kleinen Dienstleistungs-Agentur. Seit Jahren bestellt sie ihre Drucksachen bei einem Hoflieferanten. Jedes Jahr zum Beispiel ihren Jahresprospekt. Die Preise steigen jedes Jahr, aber jedes Jahr sind Korrektur, Andruck und Anlieferung kostenfrei – weil Franziska das in einem Rahmenvertrag vor acht Jahren ausdrücklich ausgehandelt hat. Auch in diesem Jahr will sie eben die Rechnung über 24 000 Euro abzeichnen, als ihr Instinkt anschlägt. Sie geht die Rechnung nochmals durch. Ja, natürlich hat sie heuer mehr Exemplare bestellt, aber darf das so einen Sprung im Rechnungsbetrag ausmachen? Sie nimmt die Lupe und siehe da: Korrektur, Andruck und Anlieferung sind heuer berechnet! Mit 2300 Euro! Ist der Lieferant wahnsinnig geworden? Sozusagen. Er wurde von einer Heuschrecke, einem Finanzinvestor übernommen. Und da diese (meist) Herren nur etwas von Finanzen, aber nicht von langfristiger Gewinnmaximierung verstehen, streichen sie bei Übernahme eines Unternehmens erst mal alles, was nach Kundenpflege und Auftragssicherung aussieht.

Keine Verhand-
lung ohne Nach-
kontrolle!

Egal was Sie verhandelt haben: Kontrollieren Sie die vertragliche Darstellung des Verhandelten und dessen Einhaltung mit der Lupe! Es gibt kein Verhandlungsergebnis, das auch nur 80-prozentig eingehalten würde, wenn Sie es nicht kontrollieren!

## Nach der Verhandlung ist vor der Verhandlung

Sie haben eine Vereinbarung unter Dach und Fach? Puh, was für ein Stück Arbeit! Was machen Sie jetzt? Die Nachverhandlung planen. Bevor Sie erschrecken: Ich habe »planen« gesagt.

 Es gibt keine perfekten Verhandlungsergebnisse. Also notieren Sie sich heute schon, was Sie bei nächster Gelegenheit weiterverhandeln wollen.

Und ergänzen Sie diese Liste wöchentlich! Die Welt dreht sich weiter. Jede Woche kommen Dinge hinzu, welche die einmal getroffene Vereinbarung (oft für beide Seiten!) nicht mehr optimal erscheinen lassen. Meist lässt sich das ganz informell regeln:

 Britta: »Silke, wir hatten vor Monaten pauschale Verrechnung auf drei Positionen vereinbart. Unsere Controller wollen seit Neuestem aber eine auftragsgenaue Verrechnung nach Konten. Schaffen Sie das?«
Silke: »Gut, dass Sie das ansprechen. Solange wir pauschal verrechnet haben, konnte ich für mich unrentable Aufträge mischkalkulieren. Aber wenn wir auftragsgenau verrechnen, werden einige Aufträge billiger, andere teurer. Ich nehme mal an, dass Sie mein Budget nicht erhöhen können. Könnten wir deshalb das Auftragsvolumen begrenzen?«

> Britta: »Hm, ungern. Vorschlag: Auftragsvolumen bleibt, aber ich hebe Ihr Budget um 10 Prozent an. Ist das für Sie kostendeckend plus vernünftiger Marge?«

Die kluge Frau sucht periodisch die Nachverhandlung. Und wenn Ihr Partner nicht nachverhandeln will? Richtig, dann verhandeln Sie eben darüber. Es gibt immer was zu verhandeln. Freuen wir uns drauf!

# Taktisch denken

Sie haben jetzt jede Menge Taktiken und taktische Kniffe kennengelernt. Alle auswendig lernen? Bloß nicht!

**STOP** Anstatt Taktiken auswendig zu lernen, sollten Sie lieber lernen, taktisch zu denken.

Idealerweise wissen Sie, *was* Sie wollen (s. Kapitel 3). Die Taktik stellt die Frage: *Wie* wollen Sie das nun am besten erreichen?
Es klingt bescheuert, doch darüber denken selbst Profis zu selten nach. Dabei hat uns schon Mama gesagt: »Frag Papa nicht nach Taschengeld, wenn er Sportschau guckt!« Das wäre ein grober taktischer Fehler.
Frauen sind da viel zu ehrlich. Sie glauben, dass man doch immer und überall und mit jedem »vernünftig« reden kann. Das ist eine naive Annahme. Wenn Sie zwei Kilo zu viel auf der Waage haben, dann reden Sie ja auch nicht mehr »vernünftig« über Ihr Gewicht.

 Planen Sie das Wie einer Verhandlung mindestens genauso intensiv wie das Was.

Da wir in einem Buch für Frauen sind, der häufigste Einwand von Frauen: »Aber so manipulativ und berechnend möchte ich nicht sein!« Einwand stattgegeben. Zurück zu Papa: Wird er sich manipuliert fühlen, wenn Sie ihn *vor* der Sportschau nach mehr Taschengeld fragen? Nein, er wird dankbar sein, dass seine Tochter Verstand genug hat, zu wissen, wann Papa in Ruhe gelassen werden will.

Wer taktisch kluges Verhalten mit Manipulation verwechselt, hat etwas Grundlegendes der menschlichen Kommunikation nicht verstanden: Sofern es etwas wie Manipulation gibt, kann es doch nur dann wiederholt, langfristig und nachhaltig erfolgreich sein, wenn es dem »Manipulierten« etwas nützt! Wenn es ihm nützt, dann bitte mehr davon! Dann möchte ich die größte Manipulateuse der Welt sein!

Wer taktisch klug vorgeht, nützt immer beiden: dem Verhandlungspartner und sich selbst.

# 6 Ich weiß, wovon ich rede!

*Man soll dem anderen die Wahrheit*
*wie einen Mantel hinhalten,*
*dass er hineinschlüpfen kann,*
*und sie ihm nicht wie einen nassen Lappen*
*um die Ohren schlagen.*
Max Frisch

## Tango der Argumentation

 Der Abteilungsleiter sagt zu Carmen, der Projektleiterin: »Bis zum nächsten Meilensteintermin muss das neue Steuerungsmodul integriert sein.« Darauf Carmen: »Unmöglich. Der Termin ist schon in zwei Wochen. Wir brauchen allein für die Tests noch drei Wochen, das Okay von der Technik ist noch nicht da, außerdem hat der Kunde seine Spezifikationen schon wieder geändert. Mein Team kommt jetzt schon auf dem Zahnfleisch daher, weil es Überstunden bis zum Abwinken schiebt. Wir können nicht alles umwerfen, bloß weil der Kunde sich vielleicht von der neuen Steuerung beeindrucken lässt!« Wie beurteilen Sie Carmens Argumentation? Tipp: Gehen Sie im Geist oder besser im Inhaltsverzeichnis die vorangegangenen Kapitel durch und nehmen Sie deren jeweiligen Hauptschwerpunkt als Prüfkriterium für Carmens Performance (und genießen Sie das Gehirnjogging!).

**Wer als Opfer in eine Verhandlung reingeht, darf sich nicht wundern, wenn er als Opfer rausgeht**

Carmens Probleme beginnen schon früh: Sie erkennt die Verhandlungssituation nicht als solche (s. Kapitel 1). Sie ist unzufrieden (mit dem Wunsch ihres Vorgesetzten), wertet ihr Gefühl jedoch nicht als inneren Appell zur Verhandlung, sondern als reflexhaften Auslöser für die typische Arbeitnehmer-Meckerei: »Geht nicht, kann ich nicht, keine Zeit!« Ihre Meckerei zeigt auch: Sie hat (im Augenblick) recht wenig Selbstvertrauen (s. Kapitel 2). Sie hat es nicht bewusst aufgebaut, bevor sie mit ihrem Vorgesetzten redete. Sie jammert, klagt, bringt reihenweise Einwände vor, ist destruktiv: typisch Opferrolle (was landläufig mit »Rumzicken« bezeichnet wird). Trotz ihres Jammerschwalls bleibt unklar: Was will sie eigentlich (s. Kapitel 3)? Klar, sie will nicht, was ihr Vorgesetzter will. Aber ein Nicht-Wunsch ist kein Verhandlungsziel. Sie lässt keine Verhandlungsstrategie (s. Kapitel 4) erkennen und verhandelt eskalativ, ohne zu ahnen, wie sie aus dieser Eskalation wieder rauskommt: taktisch unklug (s. Kapitel 5).

Das alles heißt nicht, dass Carmen verhandlungsinkompetent ist (das glaubt Carmen irrtümlich). Das heißt lediglich: Hey, es ist noch keine Meisterin vom Himmel gefallen! Das ist wie Power-Yoga: Auch das kann frau nicht über Nacht, das will trainiert werden. Carmen nimmt es sich vor und beginnt beim letzten Glied der Kette, ihrer Argumentation. Tun wir es ihr gleich und beginnen mit Carmens Argumenten: Meine Güte, zieht sie aber vom Leder! Sie spricht immerhin mit ihrem Abteilungsleiter! Wie kommt sie dazu, ihm derart Kontra zu geben?

Carmen ist nach eigenem Bekunden eine Frau im Beruf, der man(n) einmal zu oft angedeutet hat, dass sie »zu nett fürs Business« sei. Also legt sie neuerdings in ihrer Kommunikation und insbesondere in Verhandlungen »einen Zahn zu«.

**STOP** Frauen, die »zu nett« wirken, übertreiben oft unabsichtlich ihre Korrektur und wirken nun übereifrig, humorlos, rechthaberisch, nervig, ja fast hysterisch (in den Augen männlicher Kritiker).

Auch Carmen reagiert zu heftig: gleich zu Beginn ein Killerargument (»Unmöglich!«), dann zu schnell zu viele Argumente auf einmal, dazu ungeordnet und alles noch in ziemlich unsachlichem Ton. Kein Wunder, dass sie die Verhandlung verliert und der Abteilungsleiter ihre Argumentation vom Tisch wischt: »Die Steuerung muss rein, basta!« Warum hat Carmen die Verhandlung nicht nur verloren, sondern wurde von ihrem Vorgesetzten geradezu »abgebürstet«?

 Argumentation ist eine Angelegenheit auf Gegenseitigkeit!

Carmen hat aus der Argumentation einen Monolog gemacht. Sie glaubt wie viele, dass sie ihren Gesprächspartner dann überzeugt, wenn sie ihn an die Wand redet. Viele Coachees fragen mich: »Welches sind die besten Argumente für meine Verhandlungsposition?« Natürlich sind gute Argumente wichtig – aber bitte nicht als Instrument, um den Verhandlungspartner mundtot zu machen! Man/frau kann andere nicht überzeugen, indem man/frau sie überfährt! Deshalb: Argumentation ist ein Geschäft auf Gegenseitigkeit. Argumentieren Sie. Und hören Sie die Argumente des Partners an. Besser: Holen Sie sie ab! Nicht nur, damit der Partner sich akzeptiert fühlt, sondern auch, weil Sie mit Zuhören ein schönes Verhandlungsparadoxon nutzen können: Die besten Argumenten liefern Ihnen oft die Argumente Ihres Partners!

**Überfahren ist nicht Überzeugen!**

**z.B.** Carmen sieht ihren Fehler ein und nimmt das Gespräch anderntags wieder auf: »Warum, glauben Sie, sollten wir schon beim nächsten Meilenstein die Steuerung präsentieren?« Endlich holt sie die Argumente ihres Vorgesetzten ab. Der sagt: »Der Kunde hat durchblicken lassen, dass seine IT möglicherweise nicht mit unserem neuen Steuerprogramm zurechtkommt.« Jetzt kann Carmen auf dieses Argument eingehen – und kommt damit viel wei-

> ter als mit ihrem halben Dutzend egozentrischer »Geht nicht«: »Hm, das ist natürlich ein gewichtiges Argument. Aber dann brauchen wir das Steuermodul ja überhaupt nicht in die Maschine einzubauen und abzustimmen! Dann reicht es ja, wenn wir beim Meilenstein eine Simulation mit den beiden Steuerprogrammen fahren. Also das kriegen wir bestimmt in zwei Wochen auf die Beine!«

Bitte merken: Die beste Harmoniepflege ist nicht Nachgeben bis zur Selbstaufgabe, sondern eine ausgewogene Argumentation!

(Kooperatives) Verhandeln ist nicht Skat: Jeder legt seine Argumente auf den Tisch und Trumpf sticht. So verhandeln Jungs. Denen macht das Spaß. Effektiv oder effizient ist es nicht. Weibliches, erfolgreiches Verhandeln ist eher wie Tanzen: Nur wenn beide aufeinander achten und auch ihre Tanzschritte, ihre Argumente aufeinander abstimmen, kann etwas Sinnvolles und gleichzeitig Harmonisches dabei entstehen. Dazu gehört auch, die »Gegenargumente« der »Gegenseite« eben nicht als »gegensätzlich« zur eigenen Position zu betrachten und folgerichtig zu bekämpfen, sondern sie zu würdigen und in konstruktiver Weise auf sie einzugehen. Carmen würdigt das Argument ihres Vorgesetzten explizit: »Das ist natürlich ein gewichtiges Argument.« Danach baut sie um dieses Argument herum einen Lösungsvorschlag auf (anstatt einfach ein Gegenargument zu bringen). Das ist Argumentation. Alles andere ist ein diktatorischer Monolog, an die Wand gesprochen.

## Sammeln, bewerten, ordnen

Ich bin immer wieder überrascht, wie ungeordnet und wenig nachvollziehbar die Argumentation selbst von erfahrenen Verhandlerinnen ist. Wenn ich mir manchmal die Spitze nicht verkneifen

kann, dass eine bessere Vorbereitung jeder Argumentation guttun würde, ernte ich gelegentlich die ebenso spitze Retoure: »Darauf muss ich mich nicht vorbereiten! Ich weiß doch, was ich will!«

Es ist wichtig, dass Sie wissen, was Sie wollen. Wichtiger ist, dass Sie Ihrem Gegenüber in einleuchtender, nachvollziehbarer und überzeugender Weise *erklären* können, was Sie wollen – das nennt man Argumentation. Das muss eine erfahrene Verhandlerin nicht vorbereiten? Irrtum. Der Unterschied zwischen Greenhorns und alten Häsinnen liegt darin, dass erfahrene Verhandlerinnen niemals unvorbereitet argumentieren würden. Das ist so, wie zum Rendezvous zu gehen, ohne vorher einen Blick in den Schminkspiegel zu werfen. Macht keine Frau. Daher:

❑ Argumentieren Sie nicht einfach drauflos. Sammeln Sie vorbereitend Ihre Argumente. Schriftlich. Wenn's geht, immer am PC oder Notebook (damit Sie problemlos die Rangfolge umwerfen und die Argumente modifizieren können). Und sichern Sie das Ganze mit einem Password oder anderen Sicherungsmaßnahmen, falls andere Menschen ebenfalls Zugriff auf Ihren PC haben.

❑ Sammeln Sie Ihre Argumente nicht in Stichworten, sondern bereits in der Form, in der Sie sie nachher vorbringen möchten: Sie werden oft Minuten an der Formulierung basteln (müssen/wollen), damit Ihre Argumente kurz und kompakt sind, auf den Punkt formuliert und vor allem nicht nur geschrieben, sondern auch laut ausgesprochen gut wirken.

❑ Belegen Sie Ihre Argumente. Ein Schritt, der sehr häufig »vergessen« wird. Weil wir denken: »Ist (mir!) doch klar, warum das so ist!« Darum geht's nicht. Es geht darum, dass der Verhandlungspartner nachvollziehen kann, warum Sie so argumentieren, wie Sie argumentieren. Belegen, beweisen Sie Ihre Argumente. Kurz und knapp. Wie eine gute Anwältin:

*Die Argumentation muss immer vorbereitet werden*

»Euer Ehren, die Angeklagte ist unschuldig, weil …«
– und dann muss eine Begründung in einem Satz
kommen, die jedes Gericht auf Anhieb überzeugt.

❏ ZDF: Wenn möglich, belegen Sie Ihre Argumente
quantitativ, also mit Zahlen, Daten, Fakten ein-
wandfreier Herkunft. Eine Zahl pro Argument ist
gut, zwei sind besser, drei zu viel.

❏ Eliminieren Sie alle ex- und impliziten Vorwürfe aus
Ihren Argumenten und Belegen. Beispiel Carmen:
»Mein Team kommt jetzt schon auf dem Zahnfleisch daher, weil es Überstunden bis zum Abwinken schiebt!« Impliziter Vorwurf: Du böser Vorgesetzter bist ein übler Sklaventreiber! Das kann und
muss frau gewaltlos formulieren (können).

❏ Danach bewerten Sie Ihre Argumente: gut, schlecht,
stark, schwach, versteht er/sie nicht, passt nicht in
den Kontext, ist zu kompliziert, muss besser belegt
werden, verwerfe ich lieber, trau ich mich nicht …

❏ Abschließend bringen Sie Ihre Argumente in eine
Rangfolge.

**Erzählen
Sie keine
Geschichten!**

Viele Frauen verwechseln Argumentieren mit Geschichtenerzählen.
Sie können nicht auf den Punkt argumentieren. Sie geben zu viel
Kontext und/oder Details mit, zum Beispiel Carmen: »Die Endstufentests dauern diesmal so lange, weil wir zu wenige Leute für zu
viele Anwendungen haben, vor allem da Silke aus der F&E
abgezogen wurde, sie war unsere Spezialistin für die Sonderanwen-
dungen. Außerdem haben wir zu wenige Systemspezialisten für die
Testprogrammierungen.« Warum sagt sie nicht einfach: »Die
Endstufentests dauern bei diesem Auftrag drei Wochen statt wie
üblich eine Woche, weil wir die fünffache Menge Anwendungen
testen müssen.« Erzählen Sie nicht die *Entstehung* Ihres Arguments,
sondern einfach bloß Ihr Argument.

Argumentieren Sie immer auf den Punkt: kurz und klar! Fragen Sie sich bei Vorbereitung und Argumentation: Ist das kurz (genug)? Ist das klar (genug)?

Häufige Frage im Seminar: Welche Reihenfolge sollten die Argumente haben? Zuerst die schwachen und dann steigern? Oder zuerst die starken, um damit zu beeindrucken? Antwort von Radio Eriwan: Das kommt drauf an. Auf den Kontext nämlich. Wenn Sie in zwei Minuten zu Potte kommen müssen/wollen, fangen Sie mit Ihren stärksten Argumenten an. Wenn Sie dagegen in einem zweistündigen Verhandlungsmeeting sitzen, sollten Sie sich langsam steigern und nicht schon in den ersten Minuten Ihr Pulver verschießen.

Es hängt auch davon ab, was Sie meinen, was erfolgreicher ist. Manchmal hat frau einfach das Gefühl, dass ein »Quickie« besser ist: Folgen Sie Ihrem Gefühl, wenn keine schwerwiegenden rationalen Argumente dagegensprechen.

> Gefühle nicht verdrängen oder blind drauf reinfallen, sondern rational kultivieren

## Wissen Sie, wovon er redet?

Wenn Sie Ihre Argumente vorbereiten, wessen Argumente sollten Sie ebenfalls vorbereiten? Richtig: jene Ihres Verhandlungspartners. Auch das wird laufend vergessen, was ich an so schönen Stilblüten erkenne wie: »Es ist zum Verrücktwerden! Ich sag ihm, dass wir für die Auslieferung dringend noch ein zweites Verpackungsgerät brauchen, und er kommt mir wieder mit seinem abgenudelten Kostenargument!« Wenn er das Argument so oft vorbringt, warum hat es die Verhandlerin dann verdammt nochmal nicht antizipiert? Weil sie hoffte, dass ihr Verhandlungspartner »einmal vernünftig sein« würde! Hoffnung ist kein Ersatz für Verhandlung. Selbst Mose *hoffte* nicht auf die Zehn Gebote. Er *verhandelte* knallhart und handelte IHN von 27 runter. Jetzt im Ernst:

❑  Wie werden die Argumente Ihres Verhandlungspart-
    ners lauten?
❑  Wie wird er diese belegen?
❑  Wie gehen Sie auf diese Argumente ein?
❑  Wie gehen Sie damit um?

Um die letzte Frage zu beantworten: Sie werden jedes seiner
Argumente zuerst einmal würdigen. Jungs machen das nicht. Die
verwerfen erst mal jedes Argument: »Die Welt soll rund sein? Sie
können mir viel erzählen!« Eine gute Verhandlerin würdigt auch
und gerade die (aus ihrer Sicht!) dümmsten und unverständlichsten
Argumente: »Interessantes Argument.« Und dann? Dann haut sie
es dem Verhandlungspartner um die Ohren! Widerlegt es! Überzeugt ihn, missioniert ihn, führt ihn ins Licht! Riesenquatsch. Dann
spiegelt sie erst mal das (dämliche) Argument: »Wenn ich Sie recht
verstehe, sind Sie der Auffassung, dass …« Danach stellt sich
nämlich in den meisten Fällen heraus, dass sie ihn missverstanden
hat. Falls nicht, verwirft sie sein Argument immer noch nicht,
sondern – kommen Sie drauf? – fragt nach, so konkret wie nur
möglich: »Wofür genau brauchen Sie die fertige Steuerung in zwei
Wochen?« Danach stellt sich meist heraus, dass das doofe Argu-
**Argumente**  ment des Partners gar nicht so doof ist. Zumindest wird es
**und Belege**  nachvollziehbar. Dann fasst sie alles nochmals zusammen: »Bitte
**hinterfragen**  lassen Sie mich zusammenfassen, um zu sehen, ob ich Ihren
Standpunkt korrekt verstehe: …«
Vor allem: Prüfen Sie die Belege Ihres Verhandlungspartners! Je
höher ein Mensch in der Hierarchie steigt, desto größer wird das
Begründungsvakuum in seinem Kopf. Experten zum Beispiel belegen gar nichts mehr – oder nur noch fachchinesisch. Neulich sagte
der Vorstand eines deutschen Konzerns doch tatsächlich in einer
Verhandlung: »Ich kann nicht auf Ihren Vorschlag eingehen! Wir
sind in einer Krise! Und wie wir alle wissen, sinkt die Nachfrage,
wenn der Preis sinkt!« Wie? Das hatte ich an der Uni anders gelernt.
Aber bei Vorständen und Experten fragt frau ja nicht nach. Er wird
sich schon irgendwas dabei gedacht haben. Schließlich ist er

Vorstand und ich bin bloß eine Frau. Ah! Wie ich solche Gedanken hasse! Also unterbrach ich ihn mit charmantem Lächeln: »'tschuldigung, Sie sagten eben, die Nachfrage sinke, wenn der Preis sinkt?« Ich zwang ihn höflich, aber bestimmt, die Begründung für sein Argument zu revidieren. Und mir eine bessere als Ersatz zu geben. Damit hatte er Probleme. Ich fuhr ihm nicht in die Parade. Ich sagte ihm nicht, dass es unverschämt sei, Argumente ohne Begründung vorzubringen. Ich zeigte ihm, dass sein Argument ohne rechte Begründung dastand. Das erschütterte seinen Standpunkt viel stärker, als wenn ich versucht hätte, ihn zu erschüttern – da hätte die Trotzreaktion eingesetzt.

 Sie können so gut wie jedes Argument aushebeln, indem Sie einfach seine Begründungen und Belege hinterfragen. So tief, bis Sie den Haken daran finden.

Warum klappt das? Weil Kausalität in unserer komplexen Welt trügerisch ist. Selbst die Kausalität »Kaffee macht wach« stimmt nicht. Circa 20 Prozent der Menschen macht er müde.

## Sag endlich, was du willst!

Was regt Männer an Frauen am meisten auf in Verhandlungen? Dass sie »rumeiern«. Nicht klipp und klar sagen, »was Sache ist«, was sie wollen.

 »Eine tiefergehende Zusammenarbeit wäre sicher für beide Unternehmen von Vorteil«, sagte die Vertriebsleiterin eines Pharma-Zulieferers in einer Verhandlung. Ihr Gegenpart, ein 62-jähriger Fertigungsleiter, hatte offensichtlich den indirekten weiblichen Kommunikationsstil ziemlich satt, da er daraufhin barsch antwortete: »Tiefergehende Zusammenarbeit? Das ist auch ein Puffbesuch.

> Worüber wir hier reden, ist ein ganz konkreter Rahmen-
> vertrag über fünf Jahre. Oder worüber reden Sie?« Grob,
> aber wahr.

Wenn Sie vage bleiben wollen, bleiben Sie vage. Aber wenn Sie
wollen, dass Ihr Argument wirkt, gehen Sie ins andere Extrem:
Werden Sie so klar wie irgend möglich, glasklar, kristallklar,
überklar – und immer höflich und freundlich bleiben. Aber das ist
doch unhöflich, so direkt zu sein? Nein. Frauen bleiben vage, weil
sie höflich sein wollen. Das kommt nicht als höflich an, sondern als
vage – was in Verhandlungen (und anderswo) als unhöflich gilt.

Eines der größten Probleme in Verhandlungen ist die mangelnde
Klarheit. Ich behaupte sogar, dass 90 Prozent der Verhandlungszeit
deshalb draufgeht, weil die Parteien nicht wirklich verhandeln,
sondern lediglich um Unklarheiten kreisen, die sie nicht bemerken.
Wenn mal die Positionen und Interessen endlich klar sind, kommt
es meist sehr schnell zum Abschluss.

**Kommen Sie auf den Punkt!**

Da es selbst Businessfrauen oft schwerfällt, in einem Satz
klar und unmissverständlich zu sagen, was sie von wem
wozu und zu welchen Spezifikationen wollen, sollten Sie das
trainieren. Täglich. Möglichst bei jeder Kommunikation.

Und da viele Frauen nicht wissen, was ich damit meine: »Sylvia«,
sagt die Vorgesetzte, »könnten Sie sich bitte mal um den Sitzungssaal kümmern?« Sylvia trabt los, ich rufe sie zurück: »Wissen Sie,
was Sie tun sollen?« – »Äh, ja, ich denke, ich soll danach schauen,
ob genug Getränke vorhanden sind, ob er sauber ist und alle Stifte
noch tun …« – »Nein!«, fährt ihre Vorgesetzte dazwischen. »Sie
sollen doch bloß nachschauen, ob er für heute Nachmittag auch
wirklich frei ist oder ob der Geschäftsführer mal wieder eine
Überraschungssitzung reingedrückt hat.« Warum hat sie das dann
nicht klipp und klar gesagt? Weil sie eine Frau ist? Das ist mir als
Begründung doch etwas zu dünn.

# Männer argumentieren nicht!

An dieser Stelle in Seminar oder Coaching machen mich Business-frauen manchmal darauf aufmerksam, dass meine Ausführungen zur Argumentation schön und gut seien, dass sie auf Verhandlungen mit Männern aber nicht zuträfen: »Die meisten Männer argumentieren gar nicht richtig! Die wollen bloß recht haben! Und das um jeden Preis!«

In Verhandlungen geht es darum, Interessen zu wahren. Wenn es sein Interesse ist, zu gewinnen – lassen Sie ihn! – Stimmt. Männer argumentieren nicht, um zu überzeugen, sondern um zu gewinnen. Daraufhin sagte eine gewitzte Verhandlerin mal zu einem angriffs-lustigen Prokuristen: »Sie dürfen diese Verhandlung als Sieg für sich verbuchen und das jedem erzählen – wenn Sie meinen Lösungsvor-schlag akzeptieren. Wenn nicht, gehe ich jetzt raus – und Sie verlieren.« Das ist so genial, dass es zwar nicht in der dargebotenen Formulierung, aber im Prinzip zur Nachahmung empfohlen wer-den kann: Die Verhandlerin erkannte instinktiv, dass es ihrem Partner nur ums Gewinnen ging. Sie bot ihm diese Chance an – zu ihren Konditionen. Und zog die Daumenschraube an: Wenn die Partnerin die Verhandlung abbricht, verliert der Mann.

*Männer wollen gewinnen*

 Wenn eine(r) nur gewinnen will, lassen Sie ihn/sie: aber so weitgehend wie möglich zu Ihren Konditionen!

Das erreichen Sie auch mit übertriebenen Bauernopfern: »Sie sind ein extrem harter Verhandler. Ich kann eigentlich nur bis 70 gehen. Aber weil Sie mich mit dem Rücken zur Wand haben, bin ich bereit, über meine Schmerzgrenze hinaus bis 60 zu gehen. Wenn wir damit handelseinig werden.« In Wirklichkeit hätte sie locker bis 50 gehen können, verkauft ihr Eingeständnis jedoch als supergroßes Opfer, bloß damit nachher der Mann, der unbedingt gewinnen muss, von seinem großen Sieg erzählen kann. Übrigens: Männer (und viele Frauen) machen das nicht, weil sie so supergut und stark sind. Sie

machen das, weil sie sich so schwach und wertlos fühlen, dass sie aus jeder Kommunikation als »Sieger« hervorgehen *müssen*, sonst bricht ihr bisschen Selbstwertgefühl total zusammen. Das ist schlimm für die Betroffenen, aber einfach für Sie: Sie wissen jetzt, wie Sie damit umgehen können.

## Das dumme kleine Frauchen

»Der/die gibt mir in Verhandlungen das Gefühl, ich sei blöd!« Das ist eine Standardklage. Er oder sie wirft mit Expertenchinesisch um sich oder guckt einen groß an, wenn man Dinge nicht weiß, die man angeblich doch wissen müsste.

> **STOP** Es kann Sie nur jemand für blöd verkaufen, wenn Sie sich für blöd verkaufen *lassen*!

»Was? Sie wissen nicht, was ein Sperrdifferenzial ist?« Die beste Antwort darauf ist immer noch: »Nein. Bitte erklären Sie es mir.« Wobei ich persönlich diese Antwort bevorzuge: »Das ist nicht die Frage. Die Frage ist: Können Sie es mir in einem Satz so erklären, dass ich es verstehe?« Das bringt selbst ernannte Experten immer zum Schwitzen und an den Rand der Lächerlichkeit: Sich aufspielende Experten versagen bei diesem Test zuverlässig. Ein Experte dagegen, der mir ein Sperrdifferenzial in einem Satz erklären kann, hat es nicht nötig, sich über mein Unwissen lustig zu machen.

**Bringen Sie Experten zum Schwitzen!**

> **Tipp** Wenn sich eine(r) als Experte aufspielt, bedauern Sie ihn/sie: Ihm/ihr fehlt es offensichtlich an sachlichen Argumenten (und an Selbstwertgefühl!). Ein starker Verhandler würde sich nie auf solche leicht zu durchschauenden Tricks einlassen.

Verhandeln Sie einfach supersachlich weiter – und bringen Sie den Experten alle 60 Sekunden wieder von seinen Höhenflügen herunter zum Sachthema (Experten lenken gern mit Fachchinesisch vom eigentlichen Thema ab): »Nach Ihrem interessanten Ausflug in die Semipermeabilität von Membranen bitte wieder zurück zu unserem Verhandlungsthema: Warum tropft mein Wasserhahn auch noch nach Ihrer zweiten Nachbesserung?«

Eine weitere große Gefahr beim Verhandeln mit Experten liegt darin, dass frau sich deren Komplexitätsgrad aufzwingen lässt.

**STOP** Wer kompliziert verhandelt, verhandelt schlecht!

Verhandlungen sind von Haus aus komplex und kompliziert. Wer diesen Komplexitätsgrad durch umständliche Argumentation, Selbstprofilierung und Fachchinesisch noch erhöht, pumpt Benzin in ein Feuer: unverantwortlich.

 Seien Sie sich nicht zu schade, die Verhandlung immer und immer wieder auf das einfachstmögliche Niveau herunter zu moderieren.

Wie das? Sie wissen es inzwischen: durch Fragen: »Was heißt das konkret? Was bedeutet das für …? Was heißt das in einfachen Worten? In einem Satz? Heißt das, dass …? Verstehe ich Sie richtig: …?«

*Durch Fragen die Komplexität reduzieren*

# Überzeugen Sie nicht!

Warum verkrampfen Frauen in Verhandlungssituationen oft so sehr? Ich habe das mal für einige Wochen akribisch untersucht und kam zum verblüffenden Ergebnis: Weil sie überzeugen wollen! Da scheint ein grundlegendes Missverständnis vorzuliegen. Frauen scheinen manchmal zu glauben, dass es in Verhandlungen darauf

ankommt, den Partner zu überzeugen. Das ist anstrengend und fruchtlos.

 Ein großes Autohaus einer Nobelmarke schickte mir unlängst eine Einladung zur prunkvollen Premiere seines neuesten spritfressenden Umweltschädlings. Es war exakt zum Höhepunkt der Umweltdiskussion und der hereinbrechenden Rezession. Ich war schockiert. Ich hätte am liebsten zurückgeschrieben: »Wahnsinnig geworden? Ein 12-Liter-Ozonschichtkiller zu diesem Zeitpunkt? Umwelt? Nachhaltigkeit? Ökologie?« Warum wäre dieser Verhandlungsversuch zum Scheitern verurteilt gewesen? Weil ich damit ein Autohaus, das sich offensichtlich zum Öko-Mord entschlossen hatte, davon zu überzeugen versuchen wollte, es sein zu lassen. Das ist Quatsch. Einen, der zu etwas entschlossen ist, überzeugt man nicht vom Gegenteil. Also verkniff ich mir den Überzeugungsversuch und schrieb zurück: »Danke für die Einladung. Ich komme, wenn Sie ein umweltfreundliches Auto vorstellen.« Der Vertriebsleiter persönlich schrieb mir zurück: »Ich nehme Sie beim Wort. Bei der Gelegenheit: Was heißt für Sie ›umweltfreundlich‹? Ich bin davon überzeugt, dass viele unserer Wagen, darunter auch unser Neuer, umweltfreundlich sind. Lassen Sie uns das diskutieren. Besuchen Sie mich auf ein Gespräch.« Das ist der offizielle Beginn von Verhandlungen im Sinne eines Interessenabgleichs.

**Versuchen Sie nicht, Missionarin zu sein!**

Stellen Sie die Missionarin zurück in den Kleiderschrank. Hören Sie auf, Menschen überzeugen zu wollen. Das kommt immer als Widerspruch an und eskaliert. Machen Sie keine Gegenvorschläge. Nehmen Sie den (irrsinnigen) Vorschlag Ihres Partners auf und gehen Sie auf ihn ein, indem Sie Ihre Bedingung daran knüpfen: »Toller Vorschlag. Ich folge ihm gern, wenn …« Das Verblüffende daran: Das funktioniert sogar in Extremfällen. Eine Unternehmens-

beraterin sagte einem Insolvenzverwalter mal während einer Verhandlung: »Okay, ich gebe nach, Sie haben recht: Lassen Sie uns das Unternehmen dichtmachen, schließen, abreißen und einstampfen! Sie haben meine volle Zustimmung, wenn wir dabei drei Viertel der Arbeitsplätze retten.« Das ist normalerweise ein Widerspruch in sich: Wenn die Fabrik schließt, fallen die Arbeitsplätze weg. Doch der Insolvenzverwalter wollte (aus welchen Gründen auch immer) eine Schließung. Die Arbeitsplätze waren ihm eigentlich egal. Also wurde das eigentlich Unvereinbare vereinbart. Das ist völlig unlogisch. Aber so sind Verhandlungen oft: nicht logisch, sondern psychologisch.

# Zwingen Sie Ihren Partner, auf Sie einzugehen!

Oben habe ich Ihnen geraten, bereits bei der Vorbereitung Ihrer Argumentation auf die Argumente Ihres Partners einzugehen. Leider müssen Sie damit rechnen, dass Ihr Partner nicht dieses Buch liest (umso schöner und lohnender, dass Sie es tun): Eines der größten Probleme der menschlichen Kommunikation ist, dass Menschen prinzipiell aneinander vorbeireden. Zum Beispiel in der Tagesschau: Ein Reporter fragt nach X, der Politiker beantwortet eine Frage nach Y. Schon kleine Kinder haben das voll drauf, wenn die Mutter zum Beispiel klagt: »Oh mein Gott! Meine schöne Küche! Du hast das Mehl überall verstreut!« – »Aber ich habe es doch nicht absichtlich gemacht!« Darum geht es nicht, du kleines Ferkel. Es geht darum, wer diese Riesensauerei jetzt aufräumt – und ich will verdammt sein, wenn ich das bin!

*Das Missverständnis ist der Regelfall der Kommunikation*

**Tipp** Zwingen Sie Ihren Verhandlungspartner sanft, aber unbarmherzig, auf Ihre Argumente einzugehen und nicht bloß seine Gegenargumente abzuspulen!

»Natürlich hast du das nicht absichtlich gemacht! Das weiß ich doch, mein Schatz! Wer räumt das jetzt auf?« – »Aber das ist so viel. Und der Staubsauger ist so groß. Und ich muss noch Hausaufgaben machen!« – »Absolut. Hausaufgaben musst du auch noch machen. Und was machst du vorher?« Ich kenne Mütter, die ziehen dieses Sprung-in-der-Platte-Spiel durch, bis ihnen die Zunge blutet. Aber danach räumt der Kleine die Sauerei, die er angerichtet hat, auch auf. Behandeln Sie nach diesem Schema insbesondere Politiker, Vorstände, Vorgesetzte, Verkäufer und Call-Center-Agents (die heißen nicht umsonst Agenten). Insbesondere bei denen hat es sich eingebürgert, grundsätzlich nicht mehr auf Menschen einzugehen. Die spulen nur noch ihre einstudierten, mit dem Marketing abgestimmten und rundgelutschten 08/15-Argumente ab. Das nennt sich dann Rhetorik-Training. Cato der Ältere rotiert im Grab mit 180 Sachen.

## Die beste Argumentation

Argumentieren
Sie mit dem, was
Ihrem Gegenüber
nutzt

Manchmal fragen mich Frauen (und Männer), welches die beste Argumentation sei. Die Antwort ist einfach: die Nutzenargumentation. Nicht das, was Sie glauben, was ihm/ihr nutzt, ist sein/ihr Nutzen. Sondern das, was er/sie sagt, was ihm/ihr nutzt.

**z.B.** Meike ist eine der ganz wenigen Autoverkäuferinnen in Deutschland (Familienbetrieb). Es versteht sich von selbst, dass sie die Topsellerin im Team ist. Weil sie wie keine zweite die Nutzenargumentation versteht. Damit macht sie sogar Unmögliches möglich. Immer wieder berät sie zum Beispiel gewerbliche Kunden, die sagen: »Ich brauche einen neuen Lieferwagen. Aber ich habe eigentlich kein Geld dafür! Die Konjunkturkrise, Sie verstehen!« Alle Kollegen, die versuchen, dem Kunden einzureden, dass ein neuer Wagen »gar nicht so teuer ist«,

scheitern in der Regel (weil »überzeugen« nicht funktioniert). Meike macht den Abschluss noch im Erstgespräch. Wie? Indem sie den überragenden Nutzen des Kunden identifiziert und integriert: kein Geld auszugeben. Sie versucht nicht, ihm diesen Nutzen auszureden oder so zu tun, als ob ein Neuwagen »doch gar nicht so teuer« ist. Sie versucht, den Nutzen zu befriedigen. Also fragt sie: »Wie viel geben Sie denn jetzt jährlich für Reparaturen für Ihren alten Lieferwagen aus? Und was können Sie mit diesem transportieren?« Dann rechnet sie dem Kunden auf einem Blatt Papier aus, dass ihn die Reparaturkosten und die entgangenen Umsätze wegen mangelnder Transportkapazität des alten Wagens schon im laufenden Jahr teurer kommen als die tatsächliche finanzielle Belastung für den neuen Wagen. Meikes Chef sagt: »Die Kunden starren auf das Blatt wie auf die Offenbarung. Die nehmen das mit heim. Die zeigen das ihrer Frau und ihrem Steuerberater. Die kaufen den Wagen, weil Meike ihnen zeigt, wie ein Neuwagen ihnen besser Geld spart als der alte.«

Der Nutzen ist das beste Argument, das es gibt. Leider können ihn nur ganz wenige Menschen auf dieser Welt erkennen und argumentativ nutzen. Meikes Kollegen zum Beispiel sagen gern: »Eine größere Ladefläche nützt Ihnen doch auch!« Das ist Quatsch. Das ist ein Nutzen – in den Augen des Verkaufers! Ein überragender Nutzen für einen Käufer, der eigentlich kein Geld für ein neues Auto hat (die Krise, Sie verstehen!), ist nur eines: Geld sparen! Und zwar nicht relativ zum Verkaufspreis, sondern relativ zu seinen laufenden Ausgaben!

 Nutzen ist immer nur das und nur das, was der Kunde in seinen eigenen Worten und Präferenzen als Nutzen identifiziert.

Ich weiß, das ist schwer zu verstehen und noch schwerer umzuset-
zen. Aber wenn es so einfach wäre, dann könnten ja auch Männer
gut verhandeln.

# Argumentativ denken

Wir denken nicht in Argumenten und ihren Belegen. Wir denken in
Gefühlen, Intuitionen, Unbewusstem, Scheinkorrelationen, unbe-
wiesenen Kausalitäten. Das erschwert Verhandlungen und mensch-
liches Zusammenleben ungemein.

Unsere erste Reaktion auf eine von unserer Position abweichende
Meinung ist: »Das kann nicht sein! Das darf nicht sein! Warum
sieht er/sie das nicht?« Anstatt zu denken: »Hm, interessant. Was
will er/sie damit sagen? Was möchte er/sie erreichen? Wie lautet
sein/ihr Argument? Wie belegt er/sie es? Wie heißt meine nächste
Frage?«

Hume im
Sumpfloch
Der englische Historiker und Philosoph David Hume fiel in
Edinburgh in der Nähe des Hauses, das er sich gebaut hatte, in ein
Sumpfloch. Da er denken und argumentieren konnte, galt er seiner
Umwelt als Atheist – in den 70er-Jahren des letzten Jahrhunderts
hätte er als Kommunist gegolten. Also weigerte sich die Nachbarin,
die auf seine Hilferufe herbeigeeilt war, ihn herauszuziehen. Eine
bodenlose Gemeinheit. Hume sah das anders. Er tobte nicht, er
bettelte nicht, er machte ihr keine Vorwürfe. Was tat er? Sie ahnen
es. Er verhandelte. Wie? Auch richtig: indem er fragte. Er fragte
nach dem Argument seiner Nachbarin (während er tiefer und tiefer
im Sumpfloch versank). Die sagte: »Ich zieh Sie gottverdammten
Atheisten nur aus diesem Loch, wenn Sie vorher ein Vaterunser und
ein Glaubensbekenntnis herbeten!« Angesichts der Lage Humes
war das glatte Erpressung und so wenig christlich wie die Duldung
kinderschändender Pfarrer im Amt. Doch auch das brachte Hume
nicht in der Verhandlung vor. Er konzentrierte sich rein auf das
Argument der netten Nachbarin und fragte nach der Begründung
dafür. Sie sagte: »Als gute Christin kann ich mich nicht mit Feinden

des Glaubens abgeben!« Darauf Hume – und wir sollten uns vergegenwärtigen, dass der Mann zu diesem Zeitpunkt bereits buchstäblich bis zum Hals im Schlamassel steckte: »Gebietet Ihnen die Bibel als gute Christin denn nicht, auch und gerade Ihre Feinde zu lieben?« Schachmatt in zwei Zügen. Danach betete Hume das Vaterunser und das Glaubensbekenntnis. Er hatte die Verhandlung ja schon gewonnen. Warum sollte er die Frau auch noch ihr Gesicht verlieren lassen? Zwei Gebete für ein Menschenleben ist ein gutes Verhandlungsergebnis.

Was Hume Ihnen sagen möchte: Selbst wenn die Leute Ihnen wirklich unverschämt, böse und erpresserisch kommen, können Sie ganz ruhig, gelassen und sachlich bleiben, argumentieren und in jeder Verhandlung (und im Beziehungskrach) das Bestmögliche herausholen, wenn Sie sich nicht auf die Unverschämtheiten, sondern rein auf die Argumente und ihre Belege konzentrieren. Ihre eigenen und die des Partners. Diese bewusst gelenkte Achtsamkeit fokussiert den in diesen Situationen oft Amok laufenden Geist auf eine einzigartige Weise. Deshalb sagen mir Spitzenverhandlerinnen selbst nach mörderischen Verhandlungsmarathons oft: »Ich habe es wirklich genossen.« Sie können ihre Aufmerksamkeit derart stark fokussieren, dass jede Verhandlung ein geradezu sportliches Erlebnis, eine meditative Erfahrung wird. Das ist mit allen menschlichen Fähigkeiten so: Wenn frau sich ganz darin versenken kann, gibt es ihr so unendlich viel zurück.

Das Zen der Verhandlungsführung

# 7  Ich sage Ja zum Nein!

*Ich bin dankbar für jedes Nein.*
*Es ist eine Einladung zum Kennenlernen.*
*Ich nehme sie gern an.*
Natascha, Verhandlerin

## Wie gehen Sie mit Ablehnung um?

 Sie kommen *erst jetzt* zu diesem wichtigen Kapitel? Warum nicht früher? Mir scheint, Sie kommen recht langsam voran. Warum sind Sie so wenig motiviert? Bitte ehrlich: Was spüren Sie jetzt?

Falls Ihre Antwort darauf »Nichts« ist, kommen zwei Möglichkeiten in Betracht: a) Sie sind tot, b) Sie sind wider Erwarten ein Mann. Falls Sie eine Frau sind, werden Sie gerade den leicht bitteren Nachgeschmack von Irritation, Ablehnung oder Zurückweisung spüren. Obwohl ich kein einziges Wort eben ernst gemeint habe, obwohl das bloß ein blöder Test war (wie Ihr *Kopf* sicher geahnt hat – Ihr Bauch hat meine vorgeblichen Vorwürfe trotzdem ernst genommen). Diese Reaktion qualifiziert Sie als Frau. Männer spüren weniger Irritation, dafür mehr aufwallende Aggression: Ihre emotionale Reaktion drängt sie zur Aktion, zum Vorwärts. Die emotionale Reaktion der Frau drängt sie zum Rückzug, zum Rückwärts. Keine gute Voraussetzung für Verhandlungserfolg oder Schutz des Selbstwertgefühls.

**Männer sind taub, Frauen hellhörig**

Eine meiner Freundinnen heißt Pian (ein schwedischer Name). Ein Freund nennt sie permanent Pia, wenn wir mal über sie reden. Ich habe ihm garantiert schon 20 Mal gesagt, dass sie Pian (!) heißt. Er hört das einfach nicht. Er ist kein böser Kerl, kein Chauvi, nicht schwerhörig, sondern schlicht ein Mann: Männer sind (prinzipiell, nicht immer im Einzelfall) taub für Ablehnung und Korrekturversuche, Frauen diesbezüglich überempfindlich. Frauen hören hinter einem »Vielleicht« schon ein ablehnendes »Nein«. Männer hören selbst ein explizites Nein schlicht nicht – woraus sich das lästige Anbagger-Problem in der Freizeit und am Arbeitsplatz ergibt: Wie werde ich einen Kerl los, der offensichtlich kein Nein versteht? (Das Problem lösen wir übrigens am Ende des Kapitels.) Frauen stößt ein simples Nein in emotionale Turbulenzen. Männer hören ein Ja, wenn der Partner Nein sagt. Frauen hören ein Nein, wenn er Ja sagt.

Das erklärt, warum Frauen so viel seltener, kürzer und weniger hartnäckig verhandeln als Männer. Wer ständig Neins hört, gibt irgendwann entnervt auf. Männer müssen das nicht, weil sie schwerhörig zu sein scheinen, was Ablehnung betrifft. Für Verhandlungen ist dieses Phänomen fatal. Denn Verhandlungen sind im Normalfall eine Ansammlung ex- und impliziter Neins, Zurückweisungen und Ablehnungen (sonst müsste man nicht verhandeln). Wer damit nicht (richtig) umgehen kann, kann noch so brillant argumentieren: Das nützt alles nicht viel. Daher: Setzen Sie sich intensiv mit der Art und Weise auseinander, wie Sie mit Ablehnung, auch mit vermeintlicher Ablehnung, umgehen!

 Wie reagieren Sie auf (implizite) Ablehnung? Bitte erinnern Sie sich an ein, zwei Ihrer letzten Verhandlungssituationen. Sie haben Mühe mit dem Erinnern? Prima, erste Erkenntnis: Sie verdrängen Nein-Situationen. Glückwunsch, das ist die normale, gesunde Reaktion. Gehen Sie durch die Verdrängung hindurch: *Was* verdrängen Sie? Lassen Sie die Gefühle hochkommen. Sie werden Sie nicht fressen. Sie sind nicht halb so unangenehm wie ein

verspannter Nacken – und den halten Sie auch ganz gut aus. Angesichts dieses unangenehmen Gefühls der Ablehnung – wie verhalten Sie sich in Verhandlungen? Reflektieren Sie Ihre Haltung. Lassen Sie die Gedanken kommen. Was möchten Sie künftig anders machen? Stellen Sie sich das für eine künftige Situation vor. So oft und so lange und mit so vielen Modifikationen, bis der Film gefühlsmäßig funktioniert. Das ist um Längen besser als die übliche Reaktion.

Die übliche Reaktion: Wir reduzieren oder halbieren schon *vor* Verhandlungen meist völlig unbewusst unsere Positionen, Wünsche, Ziele und Forderungen reflexhaft im vorauseilenden Gehorsam auf ein befürchtetes Nein des Partners. Um das unangenehme Gefühl der Ablehnung nicht spüren zu müssen. Das ist menschlich und fatal. Denn in Verhandlungen wirkt eine Art Primacy-Effekt. Das heißt, die Anfangsforderung bestimmt das Endergebnis.

Der Primacy-Effekt

**z.B.** Chiara hat eine Agentur für gehobene Dienstleistungen (nein, kein Escort Service). Auf einen bestimmten Service-Tarif bezogen erzählt sie: »Aus Angst davor, dass Industriekunden von einem hohen Preis abgeschreckt werden, bin ich früher mit 100 Euro die Stunde eingestiegen und habe im Schnitt dann 80 erzielt. Seit ich mit 160 einsteige, landen wir im Schnitt bei 120 – das sind 40 Euro mehr! Pro Stunde! Ohne dass ich dafür einen Finger krumm machen muss! Ich muss bloß meinen Mund aufmachen! Früher hätte ich für diese 40 Euro eine halbe Stunde arbeiten müssen, für die ich erst mal einen Auftrag brauche!«

Daher: Angst vor Zurückweisung reflektieren – sich das vorauseilende Zurückrudern verkneifen – Mut zur hohen Einstiegsforde-

rung entwickeln – und dann munter fordern (runterhandeln lassen können Sie sich immer noch).

Was macht Chiara da eigentlich? Gut, sie hält die Neins ihrer Kunden aus, die bei 160 einsetzen und bei 120 aufhören. Aber was macht sie noch? Wie kommen diese Neins der Kunden zustande? Antwort: Chiara hält Neins nicht nur aus, sie *provoziert* sie sogar. Wer mit einem Stundenpreis von 160 einsteigt, muss Ablehnung geradezu provozieren (der Witz dabei: 20 Prozent der Kunden sagen nicht Nein, sondern Ja).

 Gestandene Verhandlerinnen halten Ablehnung nicht nur aus, sie provozieren sie bewusst (natürlich nicht bösartig!), um ihren Verhandlungsspielraum voll auszuschöpfen.

Ein Nein tut weniger weh, als auf Wünsche zu verzichten

Und nun denken Sie bitte an Ihre nächsten Verhandlungen und an Verhandlungen, die Sie regelmäßig führen: Mit welcher Forderung wollten Sie einsteigen? Mit welchen steigen Sie gewohnheitsmäßig ein? Und wie wollen Sie künftig einsteigen? Übung für Fortgeschrittene, Mutige: Nehmen Sie Ihre Maximalforderung – und setzen Sie nochmals 20 Prozent obendrauf! Um Gottes Willen? Gute Reaktion. Was machen Sie mit dieser Reaktion? Geben Sie ihr nach? Oder kitzelt Sie die Abenteuerlust? Was soll auf Ihrem Grabstein stehen? »Hier liegt eine mutlose, graumausige Langweilerin«?

Viele haben Angst vor hohen Forderungen. Das ist die Angst vor der Ablehnung. Dagegen hilft ganz wunderbar die innere Erlaubnis. Dr. Natalie Lotzmann, Führungskraft in einem Dax-Unternehmen und Führungscoach für Frauen, kennt das Problem: »Das wird oft unterschätzt: Man sollte sich wirklich die innere Erlaubnis auch für hohe Forderungen geben: Ich darf das!« Fühlt sich schon beim Lesen gut an? Ja, die innere Erlaubnis ist ein Universalrezept: Probieren Sie sie auch in anderen Situationen aus! Erlauben Sie sich was! Sagen Sie sich:

❏ »Ich erlaube mir, eine hohe Forderung zu stellen, so wie ich meinem Partner erlaube, diese erst einmal abzulehnen und seinerseits hohe Forderungen zu stellen.«

❏ »Ich erlaube mir, den Schmerz eines Neins zu fühlen und auszuhalten.«

❏ »Ich erlaube mir, eine unbegrenzte Anzahl Neins anzuhören.«

❏ »Ich erlaube mir, auch bei einem Nein an meinen Wünschen festzuhalten.«

❏ »Ich erlaube mir, hoch einzusteigen und mich bei guten Gegenargumenten etwas herunterhandeln zu lassen.«

Niemand kann Ihnen erlauben, was Sie sich selbst verweigern

# Er sagt nicht zu dir Nein!

Wie reagieren wir normalerweise auf ein Nein? In der Regel erschrocken, verblüfft, getroffen, zurückgewiesen, persönlich angegriffen, mit Rechtfertigungen, Entschuldigungen, Erklärungen. Mit der inneren Tonspur: »Aber ich meinte doch nur …! Ich wollte doch nicht …! Entschuldigen Sie, dass ich atme! Ich wusste doch, dass ich nicht gut genug bin. Ich kriege das niemals hin!« Das ist verständlich und menschlich, aber schnell heilbar.

 Sagen Sie sich: »Ich habe ein unveräußerliches Recht, meine Wünsche ohne Abstriche höflich vorzubringen. Und mein Partner hat ein unveräußerliches Recht, dazu Nein zu sagen. Für dieses Recht bin ich bereit, zu kämpfen.«

Die meisten scheinen überrascht zu sein, wenn in Verhandlungen ein Nein fällt. Das ist logisch: Wessen persönliches Wohlbefinden derart intensiv auf Gesprächsharmonie getrimmt ist, traut sich schlicht nicht, daran zu denken, dass der Partner es wagen könnte, mit einem Nein die heilige Harmonie zu stören. Ein fatales Versäumnis.

**Tipp** Machen Sie sich bereits in der Vorbereitung auf ein Nein – auf viele Neins – des Verhandlungspartners gefasst. Die werden mit Sicherheit kommen. Und sagen Sie sich immer wieder selbst ins Ohr (das ist ein Reframing): »Eine Ablehnung in der Sache ist keine Ablehnung meiner Person!« Besser noch: »Von nun an beziehe ich jedes Nein auf die Sache – nicht auf meine Person!«

Das verstehen Sie irgendwie schon? Entschuldigung, das ist mir nicht genug: Sie sollen das nicht kapieren, Sie sollen sich das bitte zur Gewohnheit machen. Das muss zum Reflex werden, zum permanenten Reframing in Verhandlungen: »Er lehnt ab? Okay, er lehnt meinen Vorschlag ab, nicht mich. Er kann mich gar nicht ablehnen, denn ich bin attraktiv, intelligent, freundlich und sehr sprachgewandt. Also meint er nicht mich, sondern die Sache. Wie gehe ich in der Sache nun weiter vor?«

Glauben Sie mir, wenn jemand Sie persönlich ablehnt, werden Sie das zweifelsfrei feststellen. Bei einem simplen Nein ist diese Voraussetzung bei Weitem nicht gegeben. Umgekehrt: Selbst wenn ein Nein persönlich gemeint wäre (was es nicht ist), sollten Sie das Gespräch dann nicht sachlich halten, anstatt nun ebenfalls persönlich zu werden und die Verhandlung zum Konflikt eskalieren zu lassen?

**Reframen Sie jedes Nein!** Damit Sie ein Nein nicht persönlich nehmen (müssen), sollten Sie es stets reframen, umdeuten. Einige Reframings von professionellen Verhandlerinnen sind:

- ❑ »Ein Nein ist nicht das Ende, sondern der Beginn einer echten Verhandlung.«
- ❑ »Wenn er/sie nicht Nein sagen würde, müssten wir gar nicht verhandeln!«
- ❑ »Er/sie lehnt nicht mich ab, sondern … (welche Sache?)!«
- ❑ »Ein Nein ist eine Einladung, das Nein zu ergründen und einen besseren Vorschlag zu machen. So lange, bis ein Ja kommt.«
- ❑ »Jedes Nein bringt mich dem finalen Ja näher!«
- ❑ »Je öfter sie Nein sagt, desto eher muss sie mal Ja sagen.«

- ❏ »Ab dem zwanzigsten Nein werde ich erst so richtig warm.«
- ❏ »Schön, er ist nicht meiner Meinung. Welcher Meinung denn?«
- ❏ »Was will mir ihr Nein sagen? Was genau lehnt sie ab?«
- ❏ »Okay, das war ein klares Nein. Wie komme ich vom Nein zum Ja?«
- ❏ »Gut, das hat nicht geklappt. Nächster Versuch …«

Ein Nein ist eine Provokation. Provocare ist lateinisch: zum Denken anregen. Sie hören ein Nein? Das ist ein Aufruf an Ihre Kreativität!

Provokation durch ein Nein

# Nein! Wie damit umgehen?

 **Was ist die beste Erwiderung auf ein Nein?**

Die häufigste Antwort darauf ist: »Ein besserer Alternativvorschlag! Ein besseres Argument! Ein Kompromiss. Ein Entgegenkommen.« Das ist übereilt und schädlich. Sie wissen doch gar nicht, weshalb der Partner Nein sagt! Deshalb ist die beste Antwort eine Frage: »Warum?« Genauer: »Wie sehen Sie das? Warum sagt Ihnen das nicht zu? Was befürchten Sie? Welche Ihrer Interessen sehen Sie verletzt? Was schlagen Sie alternativ vor?« Natürlich: Wer sich vor einem Nein fürchtet, knickt schnell ein, wenn das Nein dann tatsächlich kommt. Deshalb ist es so wichtig, ohne negativen Affekt auf ein Nein zu reagieren, um Verstand genug übrig zu haben, das Nein erst mal zu ergründen: Was steckt dahinter?

Manchmal frage ich mich, wo das viel gepriesene Einfühlungsvermögen von Frauen geblieben ist, wenn sie auf ein Nein so mimosenhaft reagieren. Uns tut ein Nein weh. Aber denken wir in dieser Sekunde auch daran, dass es einem, der Nein sagt, auch weh tun muss – sonst müsste er ja nicht Nein sagen! Außerdem: Nein heißt nicht Gesprächsabbruch. Ein Nein bedeutet, dass der Partner

Nur wer sich für das Nein des Partners interessiert, interessiert sich ernsthaft für den Partner

durchaus gesprächsbereit ist. Sonst hätte er das Gespräch längst abgebrochen. Ein Nein ist kein Beziehungsabbruch! Im Gegenteil, es ist eine Bekräftigung der Beziehung: Wer Nein sagt, ist noch in der Beziehung. Wer Nein sagt, möchte, dass Sie sein Nein ergründen, das heißt es quasi als Herausforderung, als lohnende Aufgabe betrachten. Das bedeutet letztendlich, zu verhandeln. Wenn einer nicht Nein sagen würde, müsste man gar nicht mit ihm verhandeln. Also ergründen Sie jedes Nein, anstatt wie eine Mimose zusammenzuzucken. Oft werden Sie dabei feststellen, dass das Nein total unbegründet ist.

## Mit bescheuerten Neins umgehen

Stressig an einer Ablehnung ist, dass sie meist aus totaler Ignoranz des Sachverhalts geschieht: »Mäxchen, iss deinen Salat, da sind viele Vitamine drin!« »Nö, mag ich nicht, Vitamine brauch ich nicht, ich ess' lieber Schokolade.« Der Kleinen links und rechts eine watschen geht nicht. Was denn?

 Serena verkauft Business-Software, die für mehr Transparenz bei Planung und Entscheidung sorgt. Viele ihrer Gesprächspartner sagen: »Och, wir haben eigentlich genug Transparenz!« Serena rastet regelmäßig aus: »Die können Renner nicht von Pennern unterscheiden, kennen ihren Kostenträger-DB nicht und behaupten, sie hätten genug Transparenz? Die ticken doch nicht richtig!« Wie beurteilen Sie diese Einwandsbehandlung?

Wer den anderen missionieren, von seinem Unrecht und von der eigenen Expertise überzeugen will, hat die falsche Einstellung für die Einwandsbehandlung. »Aber der Interessent redet doch wirklich Müll!« Ja, Serena. Und? Bringt es dir was, ihm seinen Müll aufs Butterbrot zu schmieren und die Oberlehrerin zu markieren?

Natürlich nicht. Obwohl das alle schlecht geschulten Verkäuferinnen, Verhandlerinnen, Vorgesetzten und Expertinnen beständig versuchen – und nicht nur wenig Erfolg damit haben, sondern sich auch extrem unsympathisch damit machen.

 Bringen Sie jedem noch so unlogischen Einwand erst einmal Wertschätzung entgegen. Die (meisten) Menschen wollen Sie nicht aufregen – auch wenn es so scheint. Sie verfolgen lediglich ihren (nicht immer auf Anhieb verständlichen) Nutzen. Bemühen Sie sich deshalb, zu verstehen, warum Ihr Partner das einwendet, was er einwendet. Lernen Sie, in seiner Gedankenwelt zu denken. Und dann versuchen Sie, aus dieser seiner Sicht heraus eine Lösung zu entwickeln.

❏ »Aber bedenken Sie doch …!«
❏ »Denken Sie doch nur an …!«
❏ »Sie übersehen, dass …«

Falsche Einwandsbehandlung

Diese Einwandsbehandlungsformeln verbieten sich von selbst, weil sie nicht wertschätzend sind. Wie die Indianer sagen: »Bevor du jemandem rätst, gehe tausend Schritte in seinen Mokassins.« Als Serena sich nicht länger von dem hanebüchenen Nein ihrer Kunden abschrecken lässt und sich geduldig mit ihnen unterhält, stellt sie fest: Die haben alle mächtige Probleme in ihren Unternehmen – können diese Probleme aber nicht ursächlich auf die mangelnde Zahlentransparenz zurückführen! Also muss sie in ihrer Argumentation ganz von vorn beginnen, bei Adam und Eva.
Ergo: Sie können Einwände erst dann beziehungsfreundlich und erfolgreich behandeln, wenn Sie sie auch verstanden haben. Sie müssen sie nicht gutheißen oder gar teilen. Aber verstehen im Sinne von nachvollziehen sollten Sie sie. Dann erst können Sie sie erfolgreich behandeln – sofern Sie es nicht übertreiben.

Manche Frauen übertreiben es, typisch Frau, tatsächlich mit ihrem Verständnis für Neins. Sie bemühen sich, auch noch das zwanzigste offensichtlich bescheuerte Nein zu verstehen. Das sollten Sie nicht:

 Wenn Sie nach einem halben Dutzend Verständnisversuchen den Verdacht haben, dass hier eine(r) bloß den Trotzkopf spielt, unkooperativ ist oder Sie auflaufen lassen will, beenden Sie das unwürdige Treiben.

Natürlich auf würdevolle Weise per Meta-Kommunikation (Kommunikation über die Kommunikation): »Ich bemühe mich, Ihnen Verständnis für Ihre Wünsche entgegenzubringen. Ich habe den Eindruck, dass ich meinerseits wenig Verständnis für meine Wünsche bekomme. Sind Sie damit einverstanden, dass wir unser Gespräch an dieser Stelle ergebnislos beenden?« Jede Antwort darauf wird Sie weiterbringen.

Aber Sie werden eher selten auf solche Trotzköpfe treffen. Viel häufiger werden Sie Einwände ernsthaft behandeln müssen. Wie?

# Einwände erfolgreich behandeln

**Elegante Ein-
wandsbehandlung**

»Was stellen Sie sich stattdessen vor?« Das ist eine elegante Formel der Einwandsbehandlung, weil sie das Gespräch den entscheidenden Schritt weiterbringt.

 Nehmen wir an, Sie brauchen 10 (von was auch immer), der Partner aber sagt Nein. Sie fragen ihn, was er sich stattdessen vorstellt, und er sagt 5. Was sagen Sie darauf?

a) »Fünf sind okay.«
b) »Treffen wir uns in der Mitte: 7,5.«

Wo machen Sie Ihr Kreuz?

Bei keinem von beiden, denn beide Optionen beschreiben typisch weibliches Verhandlungsverhalten (einige Männer übrigens fallen ähnlich schnell um). Wenn Sie nachgeben, dann immer nach der Salami-Taktik! Gehen Sie niemals auch nur den halben Weg entgegen, sondern immer nur den ersten Schritt!

Zu schnelles und großzügiges Nachgeben reizt Verhandlungspartner geradezu, auf ihrem Standpunkt zu beharren und Ihnen keinen einzigen Schritt entgegenzukommen. (Warum auch, wenn Sie die ganze Arbeit machen?) In Verhandlungen gilt: Zug um Zug. Machen Sie einen kleinen Schritt auf den Partner zu – und dann warten Sie. Notfalls bis Ihnen die Füße einschlafen.

»Aber vielleicht bin ich ihm noch nicht weit genug entgegengekommen?« Ah! Wenn ich solche Sprüche höre, frage ich mich, wozu wir nun bereits über 100 Seiten miteinander zurückgelegt haben! Das ist so typisch Frau! Vielleicht haben wir noch nicht genug getan, sind nicht gut genug. Unfug! Sie machen einen kleinen Schritt, damit der Partner kapiert und nötigenfalls zum ersten Mal in seinem Leben lernt: »Ich muss auch einen kleinen Schritt tun, sonst geht es nicht weiter.« Falls der Partner das nicht versteht (oder ein Mann oder eine maskulin sozialisierte Frau ist), dann müssen Sie es ihm eben in möglichst diesen Worten erklären. Jeder macht abwechselnd einen kleinen Schritt. Bis man sich trifft – oder bis keiner mehr bereit ist, den nächsten Schritt zu tun. In beiden Fällen ist ausnahmsweise mal nicht die Frau die Gelackmeierte.

Die Schleifchen-Taktik: Frauen machen sich und ihren Standpunkt gern und oft schlecht. Ich erlebe so häufig, dass mir Verkäuferinnen (auch im Business-to-Business) sagen: »Das kostet aber xy Euro!« Als ob sie mir meine bereits deutlich erkennbare Kaufabsicht ausreden wollten! Warum tun Frauen das? Weil sie sich meine Enttäuschung und meine Absage (Zurückweisung!) ersparen wollen, wenn ich den Preis erfahre. Also bauen sie vor – und vergraulen Kunden mit fester Kaufabsicht, indem sie den Preis mit ihrem Aber als etwas Negatives oder absolut Relevantes darstellen. Anstatt zu sagen: »Eine tolle Wahl! Das ist erste Qualität und passt farblich so gut zu Ihnen! Und es kostet bloß, stellen Sie sich vor, 87 Euro!«

*Die Salami-Taktik*

*Verpacken Sie Ihr Zugeständnis schön!*

Das heißt: Wenn Sie auf ein Nein hin entgegenkommen, dann aber mit Geschenkpapier und Schleifchen! Zum Beispiel: »Ihr Einwand ist angekommen. Lassen Sie mich kurz nachdenken. Hm, wie wäre es, wenn ich ganz tief in die Tasche greife und komplett Fracht, Transport und Montage kostenfrei obendrauf lege? Sie zahlen keinen Cent über dem Listenpreis!« Das hört sich doch gut an. Dass die gesamte Kostenersparnis keine 10 Prozent ausmacht, kann sich der Kunde auch selber ausrechnen. Das ist nicht der Punkt. Der Punkt ist: Verkaufen Sie Ihr Entgegenkommen nicht wie Sauerbier. Nicht wie die hässliche Tochter beim Tanzabend! Hübschen Sie das arme Ding ein wenig auf, ziehen Sie ihm ein schönes Kleid an! Da freut sich der Tanzpartner (und die Tochter auch). »Aber weniger als 10 Prozent ist doch kein echtes Entgegenkommen!« Ah! Wollen Sie das nicht Ihren Partner entscheiden lassen? Wenn Sie jetzt auch noch für seinen Standpunkt argumentieren, wozu brauchen Sie ihn dann überhaupt? Verhandeln Sie doch gleich allein beide Standpunkte! Lassen Sie den Armen doch selber sagen, wie er Ihr Entgegenkommen beurteilt. »Aber wenn es ihm wirklich zu wenig ist?« Dann müssen Sie diese »Zurückweisung« aushalten. Das ist Verhandeln. Und danach drauflegen. Zug um Zug. Oder sagen: »Tut mir leid, Genosse, aber das ist das Ende der Fahnenstange.«

**Die Was-mich-das-kostet-Taktik**

Die Steigerung der Schleifchen-Taktik ist die Was-mich-das-kostet-Taktik. Eigentlich ist sie keine Taktik, sondern die nackte Wahrheit, die viele Verhandlerinnen – aufgrund bescheuerter Bescheidenheit – lieber verschweigen. Ich erinnere mich, von einer Lieferantin mal eine gesammelte Auslieferung verschiedener Posten gewünscht zu haben. Sie sagte darauf: »Wir haben eine automatisierte Kommissionierung. Deshalb kann es sein, dass Sie in zwei Tagen drei Sendungen von uns bekommen. Wenn wir gesammelt ausliefern sollen, müssen wir das aus der EDV rausnehmen und von Hand bearbeiten. Das geht. Doch das verursacht bei einer Bestellung Ihrer Größenordnung Mehrkosten um die 100 Euro.« Ich war beeindruckt. Ich fand deren EDV ziemlich bescheuert – doch ich hatte buchstäblich keine Ahnung, wie viel Aufwand mein Wunsch machen würde. Diese Ignoranz teile ich mit allen Kunden: Nutzen

Sie sie für Ihre Einwandsbehandlung! Sie dürfen dabei ruhig ein wenig dramatisieren. Sagen Sie dem Partner, was Sie sein Nein kosten würde. Ganz sachlich. Dann hat er die Chance, sein Nein zu überdenken.

Wenn Sie den Spieß umdrehen, wird die Häh?-Taktik daraus: Lassen Sie den Einwender haarklein erklären, aus welchen Gründen und zu welchen Zwecken er seinen Einwand erhebt. Es ist wie beim Polizeiverhör: Je öfter der Verdächtige sein Alibi wiederholen muss, desto brüchiger wird es – wenn es unwahr ist. Wer einfach nur passiv dasitzt und sich zum fünften Mal dasselbe erklären lässt, schafft damit oft, was selbst die überzeugendsten Argumente nicht schaffen: dass dem Einwender sein Einwand selber spanisch vorkommt und er von selbst zurücksteckt.

Die Häh?-Taktik

Einer der am schwierigsten zu behandelnden Einwände ist der Einwand Marke »Wasch mir den Pelz, aber mach mich nicht nass«. Ein Kunde will zum Beispiel die bestmögliche Qualität, aber nur einen Scherzpreis dafür bezahlen. Das ist schlicht unmöglich. Er will zum Beispiel das komplette Projektpaket, aber mit halbierter Projektlaufzeit. Eine schwäbische Stadtverwaltung (die Schwaben!) wollte mal von einem Sportanlagenbauer einen Fußballplatz auf einem Quellgelände – ohne die nötige Drainage bezahlen zu wollen! Die verhandelnde Inhaberin des Landschaftsbau-Unternehmens verlor irgendwann die Geduld und ließ ihre Juristen einen Vertrag formulieren, der ausdrücklich ohne Drainage, aber auch ohne die Gewährleistung für Überschwemmungen auskam. Der Kunde unterschrieb. Der Platz steht seither drei Monate im Jahr unter Wasser. Die Moral der Inhaberin: »Lass den Kunden die Verantwortung für seine Entscheidungen übernehmen.« Wenn der Partner mit seinem Nein etwas Unmögliches fordert, besteht manchmal die einzige Möglichkeit, ihn von der Unsinnigkeit seines Vorhabens zu überzeugen, darin, ihm seinen Wunsch zu gewähren. Er wird schon sehen, was er davon hat.

Die Wer-nicht-hören-will-Taktik

Die schwierigste Taktik zum Schluss: Schweigen. Simples, einfaches, unverfälschtes, unkommentiertes Schweigen fällt uns in unseren plapperhaften Zeiten ungeheuer schwer. Deshalb wirkt es

Die Schweigen-ist-Gold-Taktik

besser als tausend Worte. Ihr Partner sagt auf einen wirklich guten Vorschlag von Ihnen Nein. Sie sind erst mal geplättet. (Das dürfen Sie! Bloß nicht unterdrücken!) Daraufhin sagen Sie? Erst mal gar nichts. Sie werden erleben: Ihr Partner fühlt sich nun geradezu (sanft!) dazu gezwungen, sein Nein zu erklären. Erstens: Sie fühlen sich sofort besser, weil Sie das eben noch unverständliche Nein nun allmählich zu verstehen beginnen. Zweitens habe ich noch keinen Verhandlungspartner erlebt, der – je länger ich geschwiegen habe – sein Nein nicht (wesentlich) abmilderte oder zumindest eine Lösung aus der Sackgasse vorschlug. Es stimmt eben: Schweigen ist Gold.

# Was bin ich gut!

Was fühlen Sie, wenn Ihnen in Verhandlungen plötzlich ein Nein entgegenschlägt? Erst mal ein sogenanntes Defizit-Gefühl: »Oje, auch das noch! Lehnt er/sie etwa mich ab? Mach ich was falsch? Wie kommen wir da wieder raus?« Dann zeigen Sie dem Neinsager Verständnis, bemühen sich auch tatsächlich um Verständnis für sein Nein, ergründen es, sondieren Lösungsmöglichkeiten, wenden einige Einwandsbehandlungstechniken (s.o.) an – und überwinden das Nein tatsächlich. Was tun Sie dann?

 Ich möchte, dass Sie sich nach jedem auch noch so kleinen erfolgreich überwundenen Nein sinnbildlich auf die Schulter klopfen, sich belobigen, das gute Gefühl zulassen, dass sich schon beim Gedanken daran in Ihnen breitmachen möchte: Lassen Sie es zu! Mehr noch: Genießen Sie es!

Genießen Sie das Gefühl in vollen Zügen, ein Nein überwunden zu haben. Das ist nicht eigensüchtig! Lassen Sie den Verhandlungspartner an diesem Gefühl teilhaben: »Ich finde, dieses Hindernis haben wir recht erfolgreich beiseite geräumt!« Gemeinsame Erfolge schweißen zusammen. Nothing succeeds like success. Eine erfolgreiche Verhandlerin übernimmt in jeder Verhandlungsphase die stille, implizite Führung des Gesprächs: Wer die gemeinsamen Erfolge feiert, übernimmt Verantwortung und Führung. Tun Sie es.

## Ich sage Nein!

Oft haben wir nicht nur vor dem Nein des Partners Angst, sondern auch und gerade vor dem eigenen. Wir fühlen, dass wir eigentlich Nein sagen wollen/müssten – und dann sagen wir doch wieder Ja! Warum folgen wir nicht unseren Gefühlen, wenn wir angeblich doch so emotionale Wesen sind?

 Verhandlungsführung ist eine Sache der emotionalen Bewusstheit.

Gefühle machen immer dann Probleme, wenn wir sie verdrängen. Also ist der beste Tipp, ein übereiltes Ja zu verhindern, das Bewusstmachen des Neingefühls: »Hoppla, da ist dieses Gefühl wieder. Eigentlich möchte ich Nein sagen, fühle mich aber innerlich zu einem Ja gedrängt.« Sie erleben also widerstreitende Gefühle. Wie lösen Sie den internen Streit? Indem Sie sich die Erlaubnis geben, die Ablehnung zu ertragen, die auf ein Nein hin vielleicht einsetzt. Dann sagen Sie höflich Nein: »Tut mir leid, aber ich kann Ihrem Vorschlag nicht folgen.« Erinnern Sie sich notfalls an das, was frau Selbstwertgefühl nennt (s. Kapitel 2). Je stärker es ist, desto leichter fällt es Ihnen, zu sich selbst zu stehen – auch und gerade zu Ihren Neins. Und noch ein Tipp: Wir denken spontan immer erst mal daran, was unser Nein beim Partner auslöst. Schön. Sehr weiblich. Aber zu einseitig.

*Just say No! Weil Sie es sich wert sind*

Bitte denken Sie das nächste Mal doch auch daran, was ein erzwungenes Ja *bei Ihnen* auslöst. Welche Gefühle, welche Nachteile, welche Beschädigung Ihrer Seele, Ihres Selbstwertgefühls, Ihrer Nerven, Ihres Zeitbudgets, Ihrer Zufriedenheit im Leben und Ihrer Karriereaussichten, wenn Sie schon wieder Ja sagen, obwohl Sie eigentlich Nein sagen möchten. Sagen Sie Nein.

**Der Partner akzeptiert Ihr Nein nicht**

Aber wenn der Partner Ihr Nein nicht akzeptiert? (Was Sie im Hintergrund hören, ist mein wilder Wutschrei.) Bitte glauben Sie mir: Wenn Sie Nein sagen, darf kein lebender Mensch, Minister oder Papst Ihnen das auszureden versuchen! Denn das bedeutet, dass er Ihr Nein und damit Sie nicht ernst nimmt, nicht für ebenbürtig erachtet. Und so einem Unmenschen wollen Sie nachgeben? Geht's überhaupt noch? Die einzig korrekte, menschliche, zivilisierte und erlaubte (und selten zu hörende) Antwort auf Ihr Nein kann nur lauten: »Oh, Entschuldigung, dazu sagen Sie Nein? Bitte erklären Sie mir das, damit wir zu einer gemeinsamen Lösung kommen.« Wenn der Partner das sagt, können Sie wie zivilisierte Menschen weiterverhandeln.

Wenn er/sie es nicht sagt, sollten Sie nicht zurückstecken, sondern das Gegenteil tun: Ihr Nein bekräftigen: »Meine vage Ahnung, lieber Nein zu sagen, verstärkt sich gerade immens. Was könnten Sie tun oder sagen, damit ich eher doch zum Ja tendiere?«

Aber Sie brauchen den Auftrag? Können dem Chef nicht widersprechen? Haben keine andere Wahl? Können sich ein Nein gar nicht leisten? Gerade dann sollten Sie umso schneller Nein sagen (weil Sie sich nicht bloß deshalb erpressen lassen sollten, weil Sie mit dem Rücken zur Wand stehen oder eine Frau sind). Das ist nicht mutig, sondern logisch: Ja sagen können Sie immer noch. Selbst nach 20 Neins. Aber bitte: Versuchen Sie es doch erst mal mit einer Hand voll Neins.

 Versuchen Sie es mal mit diesem Nein, der sogenannten bedingten Ablehnung: »Ich muss leider dazu Nein sagen. Aber wenn Sie unbedingt darauf bestehen: Was ist Ihnen mein Ja wert? Was können Sie für mich tun?«

Wenn Sie schon Ja sagen, obwohl Sie eigentlich Nein sagen möchten, lassen Sie sich das Ja angemessen belohnen. Mütter haben mit dieser Technik übrigens gigantischen Erfolg (würden sich das bloß mehr Mütter trauen): »Du räumst dein Zimmer nicht auf? Gut. Ich räume es auf. Was bekomme ich dafür? Was tust du als Ausgleich für mich? Was? Das reicht mir nicht. Was legst du drauf?« Dabei kommt allemal mehr heraus als bei der üblichen Streiterei.

Auf vielfachen Wunsch noch das schwierigste aller Neins: Ein Kerl, den Sie nun überhaupt nicht umwerfend finden, macht Sie an der Bar (oder anderswo) an. Viele trauen sich das Nein nicht zu, weil sie unbewusst die körperliche Gewalt der Männer fürchten (stellen Sie sich mal die wenigen armen *zivilisierten* Männer vor, die mit diesem gewalttätigen Image leben müssen). Diese Furcht ist eine sehr wirksame Selbsttäuschung: Ein Nein in der Öffentlichkeit löst keine männliche Gewalt aus. Nicht weil die Umstehenden sofort intervenieren würden (sie würden es nicht), sondern weil sich westlich sozialisierte Männer Gewalt in der Öffentlichkeit nicht trauen (höchstens im Fußballstadion). Also sind Bar, Dance Floor, Arbeitsplatz (mit anwesenden Kollegen/Kolleginnen) oder Restaurant die sichersten Plätze für ein Nein: Wiederholen Sie superüberdeutlich, mit festem Blickkontakt (sonst denkt er, Sie sind bloß zu schüchtern für ein Ja) und ohne Lächeln (!) so lange das Nein, bis der Groschen bei ihm fällt – und dann halten Sie sein blödes Rückzugsgelabere aus. Es gibt Schlimmeres …

Mach mich nicht an!

## Ans Nein denken

Nein. Nein. Und nochmals Nein. Was löst das bei Ihnen aus? Gehen Sie in Verhandlungen und denken Sie an die vielen Neins. Die, die Sie hören werden, und die, die Sie ganz selbstverständlich freundlich lächelnd, sehr höflich und gediegen formuliert selbst vorbringen werden. Nein. Nein.

Üben Sie, Nein zu sagen. Einfach nur so. Beobachten Sie, wie die Menschen um Sie herum darauf reagieren. Fühlen Sie Ihr eigenes

Erstaunen und Ihre tief empfundene Erleichterung darüber, dass die Menschen nicht halb so böse darauf reagieren, wie Sie insgeheim geglaubt haben. (Was sind wir emotional komplizierte Wesen, wir Menschen!)

Erziehen Sie Ihre Mitmenschen: »Ja, ich weiß, ich habe dazu bisher immer Ja gesagt. Heute möchte ich Nein sagen. Gibst du mir diese Freiheit? Nein? Warum nicht? Bitte begründe das, ich möchte es verstehen. Warum muss ich deiner Meinung nach dazu unbedingt Ja sagen?«

Im Übrigen geht jetzt das Buch erst mal nicht weiter. Ich gehe zuerst einen Tee trinken und mit meinem Sohn reden. Das nächste Kapitel kann auf mich warten, Sie auch. Sie lesen gar nicht weiter? Nein? Sehen Sie, ist doch alles gar nicht so schlimm. Ja und Nein gehören zu unserem Leben wie Sonne und Regen. Lernen wir, mit beidem zu leben. Es wird uns guttun.

# 8   Ich stehe meine Frau!

*Kaum etwas macht ihr so viel Spaß*
*wie beinhartes Verhandeln.*
»Die Welt« (09.10.06) über Neelie Kroes,
Wettbewerbskommissarin der Europäischen Union

## Mit Idioten und Zicken verhandeln

»Was mache ich«, werde ich oft gefragt, »wenn ich mit einem echt üblen Typen verhandeln muss? Oder mit einer wirklich fiesen Zicke?« Melina, Category Managerin eines internationalen Konzerns, formuliert es drastischer: »Manche meiner Verhandlungspartner tragen einen unsichtbaren Button am Revers mit der Aufschrift: ›Ich bin ein Riesenidiot!‹«
Das kann einem ganz schön aufs Gemüt schlagen. Was tun, wenn der Verhandlungs»partner« unsachlich oder persönlich wird, beleidigend, sein Wort bricht, fiese Tricks auffährt, unter die Gürtellinie geht und sich bei alledem noch für Gottes Geschenk an die Menschheit hält?

 Wie reagieren Sie in Verhandlungen auf üble Typen und Zicken?

Am häufigsten sind die passive und die aggressive Reaktion – mit Abstufungen dazwischen. Entweder wir können es nicht fassen, dass sich jemand derart schlecht benimmt, und geraten aus dem Konzept, stecken zurück, werden sozusagen immer sprachloser vor Empörung – oder wir geben unserem berechtigten Zorn nach,

Wer sich seine Reaktion bewusst macht (ohne sich Vorwürfe zu machen), kann sie ändern

rasten aus und halten kräftig dagegen. Ist Kontra-Geben ein probates Rezept?

Ja – unter zwei Voraussetzungen: Erstens: Es macht Ihnen nichts aus, grob zu werden und auszuteilen (was nicht jederfraus Sache ist). Und zweitens: Die Verbalkeilerei bringt ein für Sie zufrieden-stellendes Ergebnis (was Verbalkeilereien leider selten tun). Falls eine von beiden Voraussetzungen für Sie nicht gegeben ist, benöti-gen Sie eine andere Lösung. Diese kommt ausnahmsweise mit einem einzigen Wort aus: Reflexion.

 **Achten Sie (bitte nicht nur) in Verhandlungen ganz bewusst und gezielt und mit hoher Aufmerksamkeit auf Ihre Gefühle. Machen Sie sich Ihre Emotionen gedank-lich bewusst: »Ah, da steigt gerade unbändige Wut in mir auf.« Dank dieser wiederholten Reflexion bleiben Sie gelassen und souverän und können weiter mit dem Kopf denken, anstatt mit dem Bauch denken zu müssen.**

Das tun wir normalerweise nicht. In der akuten Situation denken und fühlen wir: »Was fällt dem/der ein? Das ist doch unerhört!« Und eine Nanosekunde danach schmollen oder toben wir. Weil wir unsere Gefühle nicht achtsam reflektiert haben, sondern sie unacht-sam in einen Handlungsimpuls überschießen ließen. Weil diese Fühlen-Handeln-Schleife unbewusst ablief.

Sie wollen raus aus der Schleife, die aus erwachsenen Frauen reflexgesteuerte Teenies macht? Dann reflektieren Sie bewusst, was in Ihnen brodelt. Ich habe einige Verhandlerinnen gefragt, wie sie sich ihre Emotionen bei Angriffen bewusst machen. Hier ihre Techniken:

**Reflektieren Sie bewusst!**

❑   »Ich sage mir immer: Es geht ihm/ihr offensichtlich nicht mehr um die Sache. Was er/sie da gerade macht, ist reine Provokati-on. Ich lasse mich aber nicht provozieren.«

❑   »Wann und worüber ich mich aufrege, bestimme ich.«

❑   »Ich lass mich nur von meinem Freund auf Touren bringen.«

- ❑ »Wenn sie einen Zickenkrieg haben will: Bitte – aber ohne mich.«
- ❑ »Ich lass mich von keinem in die Opferrolle drängen!«
- ❑ »Sie will doch nur, dass ich sie anzicke. Den Gefallen tu ich ihr nicht.«
- ❑ »Soll sie toben. Das geht mir am Senkel vorbei.«
- ❑ »Er hat ein Problem. Nicht ich.«
- ❑ »Ein vernünftiger Mensch muss sich nicht so benehmen.«
- ❑ »Auf dieses Niveau begebe ich mich nicht.«

 Erkennen Sie eine Provokation als solche und benennen Sie sie gedanklich (niemals sprachlich) auch so! Wenn Sie eine Provokation erkennen, kann sie Sie nicht mehr provozieren.

Diese Reflexion der Emotionen, mit denen wir auf eine Provokation reagieren, ist in unserem Kulturkreis ungewohnt. Doch das Prinzip der Trennung zwischen Emotion und Reaktion beherrschen wir eigentlich ganz gut. Wir greifen zum Beispiel nicht jedes Mal zur Schokolade (Aktion), wenn uns danach gelüstet (Emotion), weil wir die Lust reflektieren und sie sublimieren (anderweitig ausleben) können. Also können wir uns diese Trennung von Affekt und Aktion auch in Verhandlungen (und in Beziehungen, der Kindererziehung …) angewöhnen. Wir können das Gefühl des Provoziertwerdens bewusst wahrnehmen und bewusst von der spontanen Reaktion Abstand nehmen, nun unsererseits zu provozieren oder verbal zurückzuschlagen. Es tut uns und dem Partner gut – auch wenn er das nicht sagen, sondern höchstens zeigen wird.

*Emotion und Reaktion trennen!*

# Bleib bei dir!

Was passiert mit uns, wenn wir in Verhandlungen unfair angegangen werden? Wir empören uns, verlieren uns innerlich, fallen aus unserer Mitte. Und wenn wir *uns* verlieren, verlieren wir auch unsere

Interessen und Verhandlungsziele aus den Augen, unser Selbstwertgefühl und unsere Erfolgsaussichten. Das möchten wir vermeiden.

 Sagen Sie sich: »Ich bleibe ruhig. Es geht mir gut. Ich weiß, was ich will. Ich kann das. Ich bleibe in meiner Mitte.« Immer und immer wieder. Wie ein Mantra. Und immer festen Blickkontakt zum Provokateur halten! Aufrechte Körperhaltung, gute Muskelspannung.

**Sie müssen weder kämpfen noch schmollen – bei sich bleiben ist viel besser**

Bleiben Sie bei sich und: Bleiben Sie auf Ihrer Linie! Nicht aus dem Konzept bringen lassen! Denken Sie an das Schilfrohr: Es lässt sich vom Orkan biegen. Aber es bleibt an seiner Stelle stehen. Was machen Frauen stattdessen häufig bei Provokationen?

Sie kommen dem Provokateur entgegen. Reflexhaft. Um das Monster zu beschwichtigen. Sie geben nach um des lieben Friedens willen. Wenn's dem lieben Frieden wenigstens dienen würde. Doch das tut es meist nicht. Der Provokateur provoziert um des Provozierens willen. Nicht, um damit sachlich weiterzukommen. Sie kommen ihm entgegen und er würgt Ihnen zum Dank die nächste Unverschämtheit rein. Das müssen Sie sich nicht antun.

**Provokateure nicht therapieren!**

Was machen Frauen ebenfalls oft bei Provokationen? Sie versuchen herauszufinden, warum der andere sich so gemein benimmt. Geht's ihr nicht gut? Hat er Probleme mit seiner Frau? Das ist zwar gut gemeint, bringt aber nichts. Wenn der Provokateur vernünftig reden könnte, hätte er das Gespräch schon von sich aus darauf gebracht: »Tut mir leid, ich bin etwas gereizt. Hat nichts mit Ihnen zu tun. Beziehungskiste, Sie verstehen.«

 Probieren Sie doch mal die paradoxe Intervention. Sagen Sie dem Provokateur: »Ich habe das Gefühl, dass Sie mich gerade so richtig zur Sau machen wollen. Okay, einverstanden. Ich bin dabei. Legen Sie los. Bitteschön … Nein, wirklich. Wenn Ihnen das guttut … Ja, das meine ich ernst. Ich spüre doch, wie es Sie drängt. Lassen Sie es raus.«

Danach vergeht den meisten Provokateuren die Lust (ist wie mit Voyeurismus auch: Der Spaß ist raus, wenn man entdeckt wird). Ja, die paradoxe Intervention erfordert viel Selbstbewusstsein. Etwas weniger davon erfordert die Meta-Kommunikation: »Ich empfinde das als persönlichen Angriff. Bitte lassen Sie uns sachlich bleiben.« Bei einer echten Zicke, einem echten Idioten ist das natürlich in den Wind gesprochen. Doch manchmal hilft es Verhandlungspartnern, die noch etwas Anstand haben, zurück in die Zivilisation.

Vielleicht möchten Sie es bei Gelegenheit mal damit versuchen. Was kommt darauf oft als Antwort vom Verhandlungspartner? »Nun seien Sie mal nicht so empfindlich/zickig/mimosenhaft!« Was würden Sie darauf antworten? Gut ist zum Beispiel: »Ich bin nicht empfindlich, nur gut erzogen.« Weniger provokant: »Ich würde gern sachlich mit Ihnen verhandeln. Einverstanden?« Oder ganz elegant: »Bitte keine persönlichen Wertungen.« Oder auch: »Lassen Sie uns nicht über meine Empfindlichkeit reden, sondern über … (das Thema).«

Merken Sie sich ruhig ein paar Standard-Formulierungen. Das hilft. Merke in der Zeit, dann hast du in der Not …

> Verhandeln heißt, immer eine Antwort parat zu haben – Vorbereitung ist die halbe Miete

## Mein Chef ist ein Monster!

Was aber, wenn der provozierende oder gar mobbende Verhandlungspartner Macht über Sie hat? Zum Beispiel weil er Ihr Vorgesetzter ist? Dann rutscht vielen das Herz in die Hose und sie denken: »Da kann ich sowieso nichts machen. Dann muss ich die Kröte halt schlucken.« Pardon, aber Sie werden nicht dafür bezahlt, Kröten zu schlucken. Sie wollen das nicht, das tut Ihnen nicht gut. Also warum haben Sie das vor?

**STOP** Selbst wenn der mächtigste Mann der Welt Sie beleidigt, müssen Sie sich davon nicht beleidigen lassen!

Oder wie Eleanor Roosevelt sagte: »Niemand kann dich beleidigen, dem du es nicht erlaubst.« Nuria hält sich daran. Sie erzählt: »Wenn ich mit meinem Chef verhandle und er fängt an zu toben – was er ständig tut –, dann höre ich gar nicht mehr hin. Ich höre nur heraus, was er inhaltlich zu meinen Verhandlungsangeboten sagt. Den Rest überhöre ich. Das habe ich mir antrainiert.« Ihr Kollege Gunther kann das nicht: »So kann der Idiot nicht mit uns reden! Das geht doch nicht!« So lamentiert Gunther und zofft sich regelmäßig mächtig mit dem Chef – ohne etwas zu erreichen oder auch nur sachlich weiterzukommen. Was kann Nuria, das Gunther nicht kann?

 Das Erfolgsgeheimnis des Umgangs mit »Monstern« ist, die eigenen Sehnsüchte und Erwartungen an den anderen zu erkennen und loszulassen.

**Loslassen befreit!** Wie Nuria sagt: »Ich hätte gern eine Vaterfigur als Chef. Deshalb verletzt es mich so, wenn der Chef fies zu mir ist. Nicht das Fiese an sich, sondern dass er meinen Erwartungen an einen gütigen Vater nicht entspricht. Aber wenn unser Chef den tollen Papa heute ganz offensichtlich nicht draufhat, dann hol ich mir meine Vaterstunden eben woanders. Die Welt ist groß.«

Sie gehen ganz anders mit fiesen Verhandlungspartnern um? Dann haben Sie die Lektion dieses Kapitels bereits gelernt, obwohl das Kapitel noch nicht zu Ende ist: Es kommt nicht darauf an, womit genau Sie auf fiese Partner reagieren. Es kommt lediglich darauf an, dass Sie aus der Affektschleife ausbrechen und bewusst reagieren anstatt affektgesteuert. Wie Sie das anstellen, ist letztendlich eine ganz persönliche Angelegenheit. Mit dem Loslass-Rezept zum Ausstieg aus Affektschleifen lassen sich übrigens hervorragend auch Beziehungen harmonischer gestalten und Ehen retten. Denn wenn wir gelernt haben, aus Affektschleifen auszubrechen, gehen wir nicht jedes Mal an die Decke, wenn der Beziehungspartner auf unsere wunden Punkte drückt.

# Nicht verteidigen!

 »Was bieten Sie mir an? Das ist doch absolut lächerlich! Mit so einem schwachsinnigen Angebot trauen Sie sich mir unter die Augen?« Genau das sagte der Gewerkschaftsboss bei der letzten Tarifverhandlung zu Milena. Was erwiderte Milena daraufhin? »Aber das ist doch ein gutes Angebot. Das liegt immerhin 2 Prozent über unserem letzten. Außerdem sind …« Was halten Sie von Milenas Antwort? Warum?

Milena verhandelt schwach. Weil sie sich verteidigt, rechtfertigt, geradezu entschuldigt. Doch niemand kann einen Provokateur beschwichtigen, indem er sich bei ihm quasi entschuldigt. Denn der Provokateur will nicht verhandeln, er will provozieren. Als der Gewerkschaftler beim nächsten Mal wieder derart unflätig wird (er ist eine Ausnahme, die meisten Gewerkschaftler auf Betriebsebene sind echt in Ordnung), sagt Milena lediglich: »Schade, dass Ihnen mein Angebot nicht gefällt.« Danach guckt sie ihn freundlich an. Und schweigt. Er tobt noch ein wenig herum. Doch als er merkt, dass sich »Mama« heute nicht provozieren lässt, wird er wieder sachlicher.

Wer auf Provokationen eingeht, eskaliert oder macht sich klein. Am besten, frau lässt Provokationen ins Leere laufen.

**STOP** Gewöhnen Sie sich ab, sich zu rechtfertigen, wenn Sie jemand provoziert.

Wenn Sie jemand fragt, dürfen Sie erklären. Nicht, wenn Sie jemand bloß provoziert.

*Entschuldigungen sind Öl auf die Brandfackel des Provokateurs!*

# Die Expertenmasche

Viele Verhandler spielen sich als Experten auf: »Die Auslastung ist nicht normal-, sondern betaverteilt. Aber davon verstehen Sie nichts. Sie sind ja kein Ingenieur.« Nicolette bringt das in Rage – jedes Mal, wenn sie als Supply Chain Managerin mit den Ingenieuren in ihrem Betrieb verhandeln muss. Und das ist ungefähr einmal pro Woche der Fall. Daher hat sie sich inzwischen eine Menge Erwiderungen gebastelt. Vorbereitung ist die halbe Miete:

❑ »Stimmt, ich bin keine Ingenieurin. Aber Sie sind Ingenieur. Also erklären Sie mir das bitte. Was ist eine Betaverteilung?«

❑ »Ich habe nicht den geringsten Zweifel daran, dass Sie der ausgewiesene Experte für dieses Thema sind. In Ordnung?«

❑ »Entschuldigung, es geht hier nicht um Zahnräder, sondern um Zahlen. Und von Zahlen verstehe ich etwas.«

❑ »Danke, dass Sie mich darauf hinweisen, und jetzt bitte weiter im Text.«

❑ »Es tut mir leid, wenn ich den Eindruck erweckt haben sollte, dass ich Ihre Autorität anzweifle. Nichts liegt mir ferner. Ich weiß, dass Sie Ingenieur sind, und darüber hinaus ein sehr guter. Okay?«

❑ »Lassen wir das Theater und spielen mit offenen Karten: Ihnen stinkt es, dass Sie mich brauchen, um den Auftrag zu starten. Wir können uns jetzt gegenseitig angiften oder Nägel mit Köpfen machen. Wozu haben Sie mehr Lust? Eben, so geht's mir nämlich auch. Also lassen Sie uns einen Haken hinter die Sache machen.«

❑ »Richtig, Sie sind Ingenieur. Deshalb rede ich mit Ihnen. Weil man mir sagte, Sie seien der ausgewiesene Experte für diese Frage und könnten mir alles ganz wunderbar erklären. Hat man mich belogen?«

Beeindruckend, nicht? Nicolette ist wirklich sehr einfallsreich. Genau darauf kommt es an:

Wer sich als Experte aufspielt, hat es offensichtlich nötig; schenken Sie ihm/ihr den Respekt, den er/sie so dringend braucht

Lassen Sie sich doch nicht billig beeindrucken von der Expertenmasche! Lassen Sie sich lieber etwas einfallen, wie Sie den hochfahrenden Experten möglichst sanft wieder auf den Boden zurückbringen!

# Fürchte die Schmeichler!

**z.B.** Inga-Lena kriegt den Traumjob ihres Lebens angeboten: CEO einer Konzerntochter. Nach harten Verhandlungen unterschreibt sie. Drei Monate später wird ihr Unternehmen von der Konzernmutter verkauft. Inga-Lena fällt aus allen Wolken: »Ich dachte, ich werde als Saniererin bestellt. Dabei brauchten die bloß eine Vorzeigefrau, um den Aktienkurs vor dem Verkauf in die Höhe zu treiben!«

Das Beispiel zeigt zweierlei: Erstens fallen selbst weibliche CEOs auf ganz simple fiese Tricks herein. Und zweitens: Einer der fiesesten simplen Tricks ist Schmeicheln. Man(n) erzählte Inga-Lena einfach so lange, dass sie die große Saniererin des Unternehmens sein werde, bis sie es glaubte. »Ach Frau Müller, Sie können das doch so gut. Könnten Sie nicht wieder das Protokoll schreiben?« Zwischen beiden Frauen klaffen hierarchische Welten. Doch sie werden vom selben billigen Charme aufs Kreuz gelegt.

*Schmeichelei*

**STOP** Fallen Sie nicht mehr darauf herein, wenn Ihnen im Business jemand mit Charme und betonter Freundlichkeit kommt! Der/die will bloß was von Ihnen.

Denken Sie nicht: »Na endlich hat mal jemand meine Qualitäten erkannt. Endlich ist mal jemand freundlich zu mir!« Sondern: »Was will der/die von mir?« Lassen Sie sich nicht einwickeln. Zwingen

Sie ihn/sie, die Karten offen auf den Tisch zu legen – und dann verhandeln Sie eine adäquate Gegenleistung (Charme ist keine). Frau Müller zum Beispiel schreibt Protokolle nur noch, wenn sie zweimal im Jahr auf (eine superteure) Fortbildung darf. Das hat sie genauso charmant verhandelt, wie der Chef ihr das Protokoll rangeschmeichelt hat.

## Keine Angst vor hohen Tieren

»Wenn Sie mir kein besseres Angebot machen, dann ruf ich Ihren Chef an. Wir spielen jeden Dienstag Golf. Der wirft Sie schneller raus, als Sie Piep sagen können!« Wenn hierarchisch Mächtige in Verhandlungen toben, beleidigen, Ultimaten setzen, Konsequenzen androhen oder die Machtkarte spielen, verfehlt das selten seine Wirkung auf Frauen. Dafür muss sich keine schämen. Das ist genetisch bedingt. Doch Gene sind kein Schicksal. Wenn jemand die Machtkarte spielt:

 Machen Sie sich Ihre Gefühle bewusst. Beachten Sie sie. Das nimmt den emotionalen Druck. Und dann fragen Sie sich: Ist er zu dem, was er mir androht, überhaupt befugt?

Die Verkäuferin, der der Kunde mit dem Anruf beim Golf-Spezl drohte, rief den großen Boss selber an. Der versicherte ihr, dass ihr Job auch dann sicher sei, wenn sie keine Spezl-Rabatte vergibt: Ein Telefonanruf und die Drohung verpuffte.

*Wer droht, fühlt sich schwach*

Wie Freud schon sagte: Menschen, die drohen, fühlen sich schwach. Ein starker, souveräner Mensch hat Drohungen nicht nötig. Und weil nur der innerlich Schwache droht, droht er auch oft mit Dingen, die überhaupt nicht in seiner Macht liegen. Gesine sagt: »Jedes Mal, wenn es um neue Projekte geht, droht mir mein Gruppenleiter für den Fall eines Misserfolgs mit der Kündigung,

wenn ich seine unsinnigen Vorgaben nicht eins zu eins umsetze. Das hat mich drei Projekte lang an den Rand der Panik gebracht. Bis ich herausfand, dass ich disziplinarisch gar nicht ihm, sondern dem Spartenleiter unterstellt bin. Die Drohung ist bloß heiße Luft.«

Wenn jemand richtig massiv wird und substanzielle Drohungen ausstößt, sollten Sie sich ernsthaft nach Alternativen umschauen. Das hilft selbst dann, wenn Sie die Alternative gar nicht nutzen.

> **z.B.** Claudine hat einen Großkunden, der sie bei jeder Verhandlung auf unflätigste Weise beschimpft. Obwohl sie ein Profi ist, geht ihr das jedes Mal furchtbar nahe. Heimlich baut sie einen anderen Kunden auf. Sie akquiriert ihn mit kleinen Aufträgen und baut ihre Position so gut aus, dass sie mit einem klugen Angebot der Konkurrenz einen Riesenauftrag abluchsen könnte. Das hat sie bisher nicht getan. Trotzdem ist sie in den Verhandlungen mit dem unflätigen alten Großkunden seither die Ruhe selbst. Denn sie weiß: Der Kunde ist ersetzbar.

Was hat Claudine getan? Richtig, sie hat sich eine BATNA aufgebaut (s. Kapitel 2).

Es geht auch anders: Je heftiger Sie jemand unter Druck setzt, desto heftiger sollten Sie sich dessen Intention vergegenwärtigen: Er möchte, dass Sie einknicken, ausrasten, Schwäche zeigen. Möchten Sie ihm/ihr den Gefallen tun? Merken Sie sich lieber: Je heftiger ich unter Druck gesetzt werde, desto cooler, gelassener und souveräner muss ich bleiben!

Unter Stress reicht es meist schon, sich das immer und immer wieder zu sagen, um es auch tatsächlich zu bleiben. Andere Möglichkeiten sind kommunikativer Art:

- ❑ »Bitte nicht in diesem Ton. Ich werde weiterhin sachlich verhandeln.«
- ❑ »Ich schlage eine Gesprächsunterbrechung vor.« Und dann einfach rausgehen.

- ❏ »Erwecke ich den Eindruck, dass Ihre Drohungen mich beeindrucken?«
- ❏ »Sie drohen mir? Das tut mir leid. Sind Ihnen die Sachargumente ausgegangen?«
- ❏ »Sie können von mir haben, was Sie wollen. Es sei denn, Sie drohen mir. Was Sie eben getan haben. Probieren Sie es doch mal auf eine andere Weise.«
- ❏ »Okay, ich werde Ihren Hund vergiften und Ihre Frau kidnappen. Warum gucken Sie so? Ich dachte, wir bedrohen uns gerade gegenseitig. Ich wollte bloß mitmachen. Oder wollen wir etwas anderes spielen?«
- ❏ »Sie sind schon so verzweifelt, dass Sie mir drohen müssen? Das tut mir aber leid. Was kann ich denn noch für Sie tun?«
- ❏ »Jetzt mach ich mir aber ins Höschen. Was für ein furchtloser Kerl Sie doch sind, eine arme alte Frau zu bedrohen. Ihre Mutter muss stolz auf Sie sein.«

## Was haben Sie gegen Männer?

- ❏ »Sie haben ja Haare auf den Zähnen!«
- ❏ »Was haben Sie gegen Männer?«
- ❏ »Warum müsst ihr Lesben denn immer so aggressiv sein?«

Kein Witz, lauter Originalzitate aus Verhandlungen. Das geht einem natürlich nahe und das ist ganz normal. Wie damit umgehen?

Eine Seminarteilnehmerin sagte: »Wenn ich meine Verhandlungsziele erreiche, ist mir egal, was die über mich sagen!« Die Aussage einer starken Frau. Was, wenn Sie (noch) nicht so stark sind? Dann erinnern Sie sich an Freud (s.o.): Aggressivität ist immer ein Zeichen von Schwäche. Wird der Verhandlungspartner persönlich, dann sind ihm ganz offensichtlich die Argumente ausgegangen. Gut für Sie, wenn Sie das erkennen. Schlecht für Sie, wenn Sie an Ihrer Erwartung festkleben: »Aber so darf der/die doch nicht mit mir

*Die schlimmsten Gefängnisse sind die eigenen Erwartungen*

reden!« Warum erwarten Sie ausgerechnet von so einem/einer Respekt? Können Sie ihn sich nicht woanders holen?

 Nach so üblen Attacken müssen Sie sich bei Verbündeten aussprechen können. Den Frust von der Seele reden. Machen Sie das ohne Verzug. Das ist dann wichtiger als alles andere.

Warum erleichtert das so? Weil wir erkennen: Ich bin nicht allein, das liegt nicht an mir, das hat mit mir nichts zu tun, das geht anderen genauso.

# Abbruch

In Verhandlungen seine Frau zu stehen heißt nicht, alles mit sich machen zu lassen. Alles hat seine Grenzen. Wenn die erreicht sind: Gesprächsabbruch.

Sie können das kulant oder mit Paukenknall machen. Sie können sogar lügen: »Das ist ein sehr interessanter Punkt, den ich gern mit unseren Experten klären möchte.« Und dann melden Sie sich nie wieder. Sie können auch vertagen – das ist eine Art Abbruch auf Raten. Wichtig ist allein, dass Sie vor oder auch noch in der Verhandlung innerlich eine Linie ziehen: »Wenn er/sie die überschreitet, ist die Verhandlung für mich erledigt.« Und dann verpflichten Sie sich innerlich auf die Einhaltung dieser Vereinbarung mit sich selbst. Sie werden spüren: Allein das gibt schon ungeheuer Kraft. Das Bewusstsein, nicht alles mit sich machen lassen zu müssen. Sie können den Verhandlungspartner sogar ex- oder implizit davor warnen: »Ich kann einiges wegstecken, aber langsam nähere ich mich dem Punkt, an dem ich das nicht mehr möchte.«

Eine Coachee machte das einmal sehr wirkungsvoll, weil sie die Sachebene verließ und ganz persönlich wurde: »Herr Dr. Schmitz,

**Keine Angst vor Abbruch!**

Sie enttäuschen mich persönlich sehr. Ich habe Sie immer als harten, aber integren Verhandlungspartner erlebt. Davon ist jetzt keine Spur mehr. Ich gebe uns beiden die Chance, das Gespräch sachlich und in gegenseitigem Respekt fortzuführen. Wollen wir die Chance nutzen?« Sie sagte mir danach: »Hätte er auch nur den Mund zu einem abschätzigen Grinsen verzogen, wäre ich wortlos aufgestanden und rausgegangen – und zur Hölle mit den Konsequenzen.« Dieser letzte Satz ist entscheidend:

**Ihre persönliche Abbruch-Marke**

 Setzen Sie innerlich eine Abbruch-Marke, an der Sie sich sagen werden: »Zur Hölle mit den Konsequenzen – ich lasse nicht alles mit mir machen!«

Es ist besser, die Konsequenzen eines Abbruchs zu tragen, als sich das Selbstwertgefühl kaputt machen zu lassen.

## Wenn Sie nicht schlafen können

»Was mache ich, wenn ein Verhandlungspartner ein bekannter Saukerl ist, den alle fürchten, weshalb ich schon Tage vor der Verhandlung nachts nicht mehr schlafen kann?« Das werde ich oft gefragt (die Frage gibt's auch mit einem weiblichen Saukerl).

**STOP** Wenn Sie mit Angst in eine Verhandlung gehen – egal wie berechtigt die Angst ist –, haben Sie schon verloren. Wenn Sie sich das oft genug sagen, schrumpft die Angst nach und nach.

Wenn die Angst trotz dieser bis zum Abwinken wiederholten Logik und der bestmöglichen Vorbereitung Sie immer noch quält, probieren Sie doch mal die paradoxe Intervention:

Sagen Sie sich: Mit dieser Angst habe ich schon verloren. Außerdem ist er/sie ja wirklich der schlimmste Mensch von der Welt. Also gehe ich da rein, bibbere vor Angst, mache mich lächerlich bis auf die Knochen – und hinterher erzähle ich allen meinen Freundinnen, was für ein mieses Stück er/sie doch ist.

Das erleichtert einen doch schon beim Lesen, oder? Und genau das ist der Zweck: Malen Sie sich den Worst Case aus. Je bunter und dramatischer, desto schneller verliert er an Schrecken. Was auch hilft:

- Warum sagen Sie nicht einfach ab? Schieben Sie irgendeinen Grund vor. Das klappt erstaunlich oft.
- Gehen Sie zum (weiblichen) Coach. Das hilft immer (wenn sie ein guter Coach ist). Deshalb machen das inzwischen viele Frauen im Business.
- Sehen Sie das Scheusal als das, was es ist: ein kranker Mensch, der auf jeden Fall hoch neurotisch, wenn nicht gar psychotisch ist. Psychopathen sind anstrengend. Aber sie sind, was sie sind: kranke Menschen. Patienten. Behandeln Sie sie als solche. Mit fester Hand und Toleranz (für das Leiden, nicht das Verhalten).

*Das hilft beim Worst Case*

# Antizipieren Sie!

Warum reagieren Frauen (und die sensiblen, emotional reifen Männer) oft so betroffen auf Provokationen in Verhandlungen? Weil wir unreflektiert davon ausgehen (Erwartung!), dass man »vernünftig (übersetzt: harmonisch) über alles reden kann«. Das ist edel und tapfer. Und so naiv. Mädel, wach auf! In welcher Welt lebst du denn? Selbst in unseren eigenen Familien geht es nicht 24 Stunden am Tag edel, harmonisch und vernünftig zu.

**STOP** Hören Sie auf, sich die Welt schön zu wünschen, und akzeptieren Sie sie so, wie sie ist!

Nein, bitte jetzt nicht die Welt verteufeln. Selbst der schlimmste Psychopath, der Ihnen gegenübersitzt (und es gibt wirklich schlimme), ist kein Beinbruch (das tut nämlich wirklich weh), keine Scheidung und kein totgefahrenes Kind. Provokationen sind einfach nur Provokationen! Worte, die wehtun. Na und? Seit wann sind wir denn so verdammt verweichlicht? Wir bringen Kinder zur Welt! Das tut bedeutend mehr weh und das können wir doch auch aushalten.

Stecken Sie vor und in Verhandlungen Ihre Naivität bitte ins Poesiealbum zurück. Und dann rechnen Sie mit Gemeinheiten, fiesen Tricks und Provokationen, so wie Sie vor jedem Urlaub ganz selbstverständlich auch mit Regen rechnen. Provokationen gehören dazu. Sie halten uns wach, vif und alert.

Lächeln Sie Ihrem Verhandlungspartner zu, wenn er zu tricksen beginnt und fies wird. Er wird die Botschaft dahinter verstehen: »Freund, du überraschst mich nicht. Ich habe längst damit gerechnet.« Und wenn Sie damit gerechnet haben, dann können Sie auch in den Double Loop gehen und Meta-Kommunikation betreiben: »Ich weiß, was Sie gerade vorhaben. Es ist okay. Auch ich habe meine kleinen Tricks. Die Frage ist: Brauchen wir die?«

**Rechnen Sie mit Provokationen!**

## Gelassenheit für Fortgeschrittene

Wenn ich Sie eine bornierte Schlampe nenne – trifft Sie das? Nur dann, wenn ein Teil in Ihnen diesem (idiotischen) Vorwurf zustimmt. Wenn Sie jedoch ganz tief drin fühlen, dass Sie *keine* bornierte Schlampe sind, prallt die Provokation an Ihnen ab. Svenja sagt: »Wenn meine Kunden mir vorwerfen, dass ich ganz beschissene Angebote abgebe, kann ich darüber nur schmunzeln. Denn ich weiß, dass sie nicht recht haben. Es sind gute Angebote.«

Wer die Wahrheit kennt und an ihr festhält, fällt auf keine Provokation herein.

Das Gegenteil von festhalten ist loslassen. Es ist zugleich das fortgeschrittenste und das beste Gegenmittel gegen Provokation. Ich erlebe es immer wieder in Verhandlungen, in denen die beteiligten Parteien ganz besonders übel mit der Verhandlerin umspringen und diese mit einer geradezu überirdischen Abgeklärtheit darauf reagiert.

**Gelassenheit kommt von loslassen**

 Amber ist so eine Verhandlerin, die absolut nichts aus der Ruhe bringt. Sie ist eine der Top-Ten-Verhandlerinnen einer internationalen Beratung. Als ich sie nach dem Rezept für ihre überirdische Gelassenheit frage, sagt sie: »Ich muss mir den Mist nicht endlos antun. Ich habe einen tollen Mann und zwei süße Kinder und ich stelle mich notfalls auch nachts an die Tanke, um Geld zu verdienen. Jedes Mal, wenn ich auf Provokationen hereinzufallen drohe, sage ich mir, dass es auch ein Leben außerhalb meines aktuellen Jobs gibt. Ich kann das alles ohne Bedauern loslassen und ich lasse das in dem Augenblick in der Verhandlung auch ohne Bedauern alles los. Dieses absolute Loslassen verleiht mir die nötige Gelassenheit, um mit jeder Provokation fertig zu werden – und ungerührt weiter zu verhandeln.« Wer loslässt, verhandelt besser und vor allem freier.

Elke erzählt: »Ich arbeite in einer ziemlich üblen Branche. Der Ton ist einfach menschenverachtend. Neulich nannte mich unser Spartenleiter eine ›hirntote Vorzeigeblondine‹. Ich dachte mir: ›Okay, wenn er meint.‹ Das juckt mich nicht, was er meint.« Das bedeutet Loslassen für Fortgeschrittene: Nicht überlegen, ob das richtig oder falsch ist, was er/sie sagt. Weder an der Wahrheit noch an der Provokation festhalten. Sondern alles loslassen, alles vorüberziehen lassen, den Geist leeren – und weiter verhandeln.

# 9  Ich sichere mich ab!

*Sei doch nicht so naiv, Kindchen!*
Coco Chanel

## Warten auf den Wortbruch

 Nicole ist Vertriebsleiterin eines Dienstleistungsunternehmens. Als dieses mit einem Mitbewerber fusioniert, trifft sie mit ihrem Amtskollegen vom anderen Unternehmen eine Abmachung: Er bearbeitet mit seinem Team Europa, sie den deutschsprachigen Raum. Fünf Wochen nach der Fusion stellt sie fest, dass einige ihrer Verkäufer vom Kollegen »gekidnappt« wurden und bereits acht Akquisen in Italien, Frankreich und Belgien getätigt hatten: Der Umsatz wird dem Kollegen zugeschrieben, aber sie muss die Personal- und Opportunitätskosten tragen. Sie ist außer sich und wirft ihm vor: »Sie wildern in meinen Ressourcen! Sie halten sich nicht an unsere Abmachung!« – »Nun seien Sie mal nicht so!«, sagt der Kollege. »Das ist doch nur für eine Übergangszeit, bis unsere neue Organisation steht.« Was ist Nicole?

Hoffnungslos naiv. Sie hat es bis zur Vertriebsleiterin gebracht, glaubt aber immer noch, dass Vertragspartner vertragstreu sind. Wahrscheinlich glaubt sie auch noch an den Klapperstorch …

**STOP** Arbeiten Sie daran, Ihre berechtigte Empörung relativ schnell loszulassen, nachdem ein Vertragspartner eine getroffene Vereinbarung nicht eingehalten hat. Das gelingt Ihnen umso leichter, je weniger Sie sich davon überraschen lassen und je stärker Sie damit rechnen, dass Menschen menschlich, also nicht hundertprozentig zuverlässig sind.

»Vertragssicherheit« ist ein Wort, bei dem Wirtschaftsjuristen in höhnisches Gelächter ausbrechen

Ja, auch ich finde Wortbruch empörend. Aber ich bin keine zwölf mehr: Auch ich habe inzwischen eingesehen, dass die Zeiten, in denen man per Handschlag einen Deal besiegelte und sich daran hielt, aus und vorbei sind. Die Sitten verfallen in atemberaubendem Tempo.

Leben wir in unmoralischen Zeiten? Nicht unbedingt. Ein Blick auf andere Länder ist heilsam: Ein Chinese zum Beispiel honoriert zwar auch Verträge, doch Guanxi (gesprochen »Guangschi« – gute Beziehungen) bricht jeden Vertrag. Ein Russe hält sich an Verträge, doch er bricht sie ganz selbstverständlich, wenn er kein Vertrauen zum Vertragspartner mehr hat oder wenn er ein besseres Angebot bekommt. Will heißen: Bitte bleiben Sie unbedingt Ihrer eigenen Moral treu. Doch messen Sie andere Menschen nicht daran. Wer wie die Chinesen und Russen jahrhundertelang von Regimes geknechtet wurde, die sich weder an Verträge hielten noch Menschlichkeit zeigten, der vertraut eben anderen Dingen.

Genauso ist es mit Nicoles Kollege: Er hat in der Kinderstube nie gelernt, dass es dem eigenen Selbstwertgefühl guttut und ein Sozialgefüge aufrechterhält, sich an sein Wort zu halten. Also sollte sich Nicole nicht über seine »Unmoral« empören, sondern sich lieber darauf einstellen, dass nicht jeder Mensch über den Luxus einer gefestigten Moral verfügt. Diese Einsicht kann nicht früh genug kommen. Wie früh? Lassen Sie sich überraschen.

Es gibt Menschen, deren Wort gilt. Und es gibt andere. Lernen Sie zu unterscheiden!

# Quidquid agis, prudenter agas

»Was du auch tust, tue es klug und bedenke das Ende.« – Man kann nicht früh genug an die Zuverlässigkeit seines Vertragspartners denken. Bei der Vertragsunterzeichnung ist es jedenfalls zu spät. Sie sollten sich Aesop zu Herzen nehmen und schon ab dem ersten in einer Verhandlung gesprochenen Wort an das Ende der Verhandlung denken. Das wird in der Regel nicht gemacht. Bester Indikator dafür ist die Schriftform, die im Westen obligatorisch ist für Verträge. Wann wird sie bemüht? Leider erst beim Vertragsformular: Das ist viel zu spät!

Da wird ellenlang verhandelt, doch die Verhandlungsrunden werden kaum protokolliert, dokumentiert, abgestimmt und abgeglichen. Kein Wunder, dass am Ende immer einer vom Vertrag abweicht und stets mit der Ausrede kommt: »So hatten wir das aber nicht besprochen!«

 Arbeiten Sie vom ersten Wort an mit schriftlicher Fixierung!

Damit meine ich noch nicht einmal das berühmte Sitzungsprotokoll. Nein, setzen Sie viel früher ein: Fixieren Sie jeden einzelnen Verhandlungspunkt noch in der Sitzung zumindest in einer ersten Entwurfsform schriftlich (natürlich nicht in Juristendeutsch) – für alle gut sichtbar (per Notebook/Beamer Kombination, OHP, Flipchart, Plakat …). Sobald der Partner den angestrebten Wortlaut nämlich schwarz auf weiß sieht, wird er oft sagen: »Moment mal, so habe ich das aber nicht gemeint!« Es ist besser, er sagt das während der Verhandlung als danach, wenn er zum ersten Mal den Vertrag liest und dann beschließt, dass er sich nicht daran hält, weil er es so ja nicht gemeint hat! Wenn Sie einwenden, dass das aber ein sehr kindisches Vorgehen ist, gebe ich Ihnen recht: Die meisten Verhandler, die im Business unterwegs sind, sind nicht vertragssicher. Sie sagen »A«, wollen davon aber nichts mehr wissen, sobald

> »Quidquid agis, prudenter agas et respice finem.«
> Aesop.

Sie »A« an die Wand werfen. Das ist die normative Kraft des Faktischen: Was man schwarz auf weiß vor Augen sieht, hat verbindlicheren Vereinbarungscharakter als das gesprochene Wort. Was aber machen Sie, wenn sich trotz aller Vorsichtsmaßnahmen ein Partner nicht an den Vertrag hält?

## Vertragsbruch ist normal

**z.B.** Charlotte hat eine kleine Werbeagentur. Mit der PR-Chefin eines Konzerns vereinbart sie, dass sie jeden Monat die Ausgabe der Kundenzeitschrift gestaltet. Bezahlt werden unter anderem 100 Stunden für die Textarbeit. Doch bei jeder zweiten Ausgabe moniert die PR-Chefin: »Wieso so viele Stunden? Das habt ihr doch alles aus dem Internet abgeschrieben! Dafür war kein einziges Recherche-Gespräch nötig!« Charlotte ist außer sich: »Wir brauchen 100 Stunden, selbst wenn wir aus dem Internet abschreiben, was wir nicht machen. 100 Stunden waren vereinbart. Warum hält sie sich nicht daran?«

Warum regt sich Charlotte so auf? Weil sie unter einem verbreiteten Glaubenssatz leidet:

**STOP** Glauben Sie nicht länger, dass »alles unter Dach und Fach« ist, sobald ein Vertrag geschlossen wurde!

Mit dem Vertrag ist eine Verhandlung nicht beendet! Verhandlungen gehen immer weiter. Das ganze Leben ist eine ständige implizite Verhandlung. Mit jeder Interaktion, jeder Transaktion wird entweder explizit oder stillschweigend weiter verhandelt und der einmal geschlossene Vertrag durch konkludentes Handeln (wie die Juristen sagen) verändert.

Und nach der Verhandlung folgt die (permanente) Nachverhandlung. Deshalb heißt sie so.

»Aber so war das nicht vereinbart!« Diese Empörung ist naiv.
Natürlich war das so nicht vereinbart! Na und? Wenn sich einer
nicht an die Vereinbarung hält, dann heißt das schlicht und einfach:
Verhandeln Sie sofort nach! Wie?

**STOP** Akzeptieren Sie einen Vertragsbruch niemals stumm,
weil Sie unterstellen, dass Sie »die Kröte eben schlucken
müssen«. Das müssen Sie nie!

Selbst wenn Sie schlucken müssten (was ich bestreiten würde),
können und müssen Sie eines tun: Sprechen Sie es an! Störungen
sofort auf den Tisch, wie es in der themenzentrierten Interaktion
heißt. Aber immer vorwurfsfrei! Also bloß nicht: »Sie halten sich
nicht an unsere Abmachung!« Charlotte zum Beispiel sagt: »Ich
stutze jetzt. Es waren 100 Textstunden vereinbart. Wie Sie an den
Originalzitaten in den Texten sehen, haben wir nicht gegoogelt,
sondern die Kompetenzträger persönlich interviewt. Tatsächlich
haben wir 120 Stunden gebraucht, aber nur 100 berechnet.« Die
Message an die Vertragspartnerin ist: Ich sehe, was du tust, und
lasse dich nicht damit durchkommen!

 Übernehmen Sie sofort die Initiative! Ergründen Sie die
Motive und Interessen hinter dem Vertragsbruch (keine
Vorwürfe!) und machen Sie einen passenden Vorschlag!

Ihre erste Intention nach einer Vertragsabweichung sollte also
Klärung, nicht Beschuldigung sein. Charlotte fragt: »Woran liegt es
denn, dass Ihnen die 100 Stunden nicht mehr passen?« Das macht
sie klug. Sie fragt offen. Viele fragen in so einer Situation: »Warum
wollen Sie die 100 Stunden nicht mehr bezahlen?« Das ist eine
gefährliche Unterstellung. Denn wer genau hinhört, erkennt, dass
der PR-Chefin womöglich lediglich unklar ist, wofür genau die 100
Stunden verwendet wurden. Das heißt, ihr fehlt die Transparenz

Klärung, nicht Be-
schuldigung

zwischen Leistung und Honorar. Stellt sich das als richtig heraus, muss sich Charlotte nicht herunterhandeln lassen, sondern sollte lediglich die Abrechnungstransparenz erhöhen, indem sie beim nächsten Mal den Stundennachweis detaillierter führt. Charlotte klärt die Vertragsabweichung sehr höflich und zivilisiert. Das muss man nicht. Man kann auch berechtigt zornig oder ironisch werden. Ich habe gute Erfahrungen damit gemacht. Das heißt: Sie können Ihre Empörung über eine Vertragsabweichung ruhig deutlich machen. Aber immer vorwurfsfrei!

Reagieren Sie auf die kleinste Vertragsabweichung!

Wenn ich mit Charlottes PR-Chefin zu tun hätte, würde ich zum Beispiel sagen: »Moment bitte. Es waren 100 vereinbart. Wir haben 100 Stunden benötigt, sogar mehr. Bitte erklären Sie mir doch, warum 100 jetzt nicht mehr gelten sollen.« So forsch würden Sie sich das nicht zu sagen trauen? Das hat nichts mit forsch zu tun. Eher mit gesundem Frauenverstand:

> **STOP** Es ist sehr gefährlich, Vertragspartnern selbst kleine Unzuverlässigkeiten durchgehen zu lassen. Denn Unzuverlässigkeit eskaliert, wenn ihr nicht Einhalt geboten wird.

Wenn die PR-Chefin heute die 100 Stunden nicht bezahlen möchte, wer weiß, ob sie dann irgendwann nach Ablieferung einer kompletten Ausgabe nicht plötzlich überhaupt nichts mehr bezahlen will? Oder unbezahlte Extrawürste aus dem Hut zaubert? Wehret den Anfängen! Wenn Sie selbst die kleinste Vertragsabweichung durchgehen lassen, lernt Ihr Vertragspartner daraus doch, dass das in Ordnung ist – und hört deshalb nicht auf! Sondern macht weiter. Ich kenne so viele Frauen im Business, die auf diese Weise in eine Kiste reingerutscht sind, in der sie zum Beispiel einen Kunden immer noch beliefern, der inzwischen so viele Vertragsabweichungen kalt durchgedrückt hat, dass die Businessfrau bei jedem verdammten Auftrag drauflegt!

# Die Guerilla-Lösung

Tatsächlich hat Charlotte inzwischen die ewigen Nachverhandlungen mit der PR-Chefin satt. Sie sagt: »Es ist mir schlicht zu dumm geworden. Wir machen jetzt keine teure Feldrecherche mehr. Wir googeln tatsächlich. So war das nie vereinbart. Aber wenn die dumme Zicke sich nicht an den Vertrag hält, muss ich das auch nicht.«

 Ein schöner Trost: Der Vertragsabweichler schadet sich immer selbst am meisten – sofern Sie Gleiches mit Gleichem vergelten und es nicht an die große Glocke hängen.

Wenn ein Kunde »Topqualität« verlangt, aber nur einen Schrottpreis zu zahlen bereit ist, dann wird die Guerillera ihm optisch aufgepeppten Schrott liefern. Da der Kunde selten technisch so versiert ist wie der Lieferant, funktioniert das überraschend oft. Das ist nicht die Frage. Die Frage ist: Wollen Sie dem Verfall der Sitten Vorschub leisten? Ich meine: Nein. Wenn andere sich nicht an Vereinbarungen halten, dann halte ich mich wenigstens daran und mache andere auf ihr Verhalten aufmerksam. Aber das ist meine persönliche Meinung. Es muss nicht Ihre sein.

Wichtig ist allein, dass Sie überhaupt eine Meinung zu Vertragsabweichungen haben, dass Sie diese schon vor Verhandlungen haben und diese auch sehr konsequent umsetzen. Sonst kann es Ihnen passieren, dass Sie in diesen Zeiten ganz schön ausgenommen werden. Wie Marika.

# Management by Vertragsbruch

 Marika ist Mitinhaberin eines Unternehmens. Sie ist die einzige Frau im vierköpfigen Eignergremium. Jeder der vier Partner betreut eine mehr oder minder selbstständige Unternehmenssparte. Fürs gemeinsame Werbebudget legen alle zusammen. Und hier beginnt die typische Ungleichheit: Marika trägt 50 Prozent des Budgets. »Ich mache auch viel mehr Umsatz als die anderen«, entschuldigt Marika das. Wie kann dann sein, dass in jedem Marketing-Meeting die drei Jungs ihre Vorstellungen zu 90 Prozent durchdrücken? Logisch, es steht drei zu eins, da fühlen Männer sich mutig. Also muss Marika auf jeder verdammten Sitzung sagen: »Ich bezahle die Hälfte unserer Werbung, und wenn ihr dieses Konzept durchzieht, dann finanziert ihr das allein, weil dieses Konzept eure Sparten bewirbt, aber nicht meine.« Seit drei Jahren geht das nun so: »Die Jungs« lernen nichts dazu. Die probieren es immer wieder. Marika findet das sehr ermüdend. Es verbessert nicht unbedingt ihre Meinung von Männern. Trotzdem muss sie sich jedes Mal regelrecht überwinden, den Jungs auf die Finger zu klopfen. Das geht fast jeder Frau so.

**In die Opferrolle gedrückt**

Warum fällt es uns so schwer, jedes Mal auf Vertragsabweichungen hinzuweisen? Weil wir verblüfft, verärgert, frustriert und empört auf Vertrags- und Vertrauensbruch reagieren. Diese verständlichen Gefühle drücken uns ganz unbewusst in die Opferrolle. Wir fühlen Hilflosigkeit, Müdigkeit, Aussichtslosigkeit. Wichtig ist, sich diese Gefühle bewusst zu machen und sie mit dem gesunden Frauenverstand zu kultivieren:

 Sagen Sie sich: »Das Gefühl, das ich empfinde, ist Enttäuschung. Es ist nicht Hilflosigkeit. Denn hilflos bin ich nicht!«

Und dann sprechen Sie die Vertragsabweichung an. Ganz entscheidend bei der Vorbereitung auf die menschliche Unzulänglichkeit ist auch Ihre persönliche Schmerzgrenze: Ziehen Sie für Vertragsabweichungen eine Schmerzgrenze! Sagen Sie sich: »Wenn das so weitergeht und immer schlimmer wird und … erreicht ist – dann steige ich aus!« Die drei Partner haben hinter Marikas Rücken damit begonnen, von einem Umzug in den teuersten Business Tower der Stadt zu sprechen. Marika sagt: »An dem Tag, an dem das in einem offiziellen Meeting auftaucht, kündige ich die Partnerschaft.« Sie bereitet sich schon mal darauf vor, notfalls im Alleingang ihre Sparte zu managen. Fragt sich, warum sie darauf erst jetzt kommt. Fragt sich, warum sie sich überhaupt mit solchen Eierköpfen hat einlassen müssen. Kann frau sich denn nicht früher vor Dumpfbacken schützen?

## Drum prüfe, wer sich bindet …

Wer sich über unzuverlässige Vertragspartner ärgert, muss sich fragen: Warum habe ich überhaupt mit ihm/ihr abgeschlossen, wenn er/sie so unzuverlässig ist?

Wie zuverlässig ein Verhandlungspartner ist, können und sollten Sie schon lange vor dem Ernstfall erkennen. Nämlich daran, wie pünktlich und zuverlässig er sich bereits in den ersten Verhandlungsstunden gibt. Wer unvorbereitet kommt, häufig die zugesagten Unterlagen nicht beibringt oder chronisch desorganisiert ist, der wird das auch beim Einhalten der Vereinbarung sein. Stellen Sie sich darauf ein. Marika zum Beispiel sagt: »Ich habe dazugelernt. Bei zuverlässigen Verhandlungspartnern reicht tatsächlich der Handschlag. Die sind für ihr Wort gut. Bei den Filous lege ich in der Zwischenzeit alles haarklein schriftlich fest.« Stellen Sie sich auf die Zuverlässigkeit jedes Verhandlungspartners ein. Dazu gehört auch, dass Sie eine Negativliste führen:

> »Good customers are hard to find!«
> US-Sprichwort

**Tipp** Dokumentieren Sie sämtliche Vertragsabweichung kompakt, aber detailliert!

Verwenden Sie diese Schwarzliste nicht als Druckmittel, sondern als Mittel der Transparenz. Denn meist ist den Vertragsabweichlern selbst gar nicht bewusst, wie stark und oft sie abweichen. Marika zum Beispiel sagte unlängst ihren drei Lausbuben: »In den letzten acht Monaten habt ihr drei über meinen Kopf hinweg fünf Werbeprospekte für insgesamt 38 000 Euro geordert. Das ist in der Sache okay. Die Prospekte sind gut und ich bezahle da gern meinen Anteil. Aber ich bin fünfmal übergangen worden. Das ist nicht in Ordnung.« Im Falle eines Ausstiegs aus der Partnerschaft gibt so eine Liste viel Selbstsicherheit und ist auch eine gute Argumentationshilfe. Was haben die drei Jungs übrigens dazu gesagt? »Wenn du ständig bei Kunden bist und nicht ins Meeting kommst, dann können wir doch nichts dafür!«

**STOP** Bitte hören Sie auf, zu erwarten, dass Vertragsabweichler sich einsichtig zeigen, wenn Sie die Abweichung vorwurfsfrei ansprechen.

Die werden sich vielmehr mit den blödsinnigsten Sprüchen rausreden wollen! Da kommt jeder die Galle hoch. Was tun? Drei Möglichkeiten:

- ❏ Rechtschaffene Empörung: »Also das ist doch die Höhe! So eine fadenscheinige Ausrede!« Klingt nach frustrierter Gouvernante oder kleinem Mädchen und bewirkt lediglich Eskalation.
- ❏ Kategorische Ablehnung: »Tut mir leid, aber diese Ausrede lasse ich nicht gelten.« Kommt stark. Verlangt ein hohes Selbstwertgefühl. Danach jedoch unbedingt einen Vorschlag anbringen, wie Abweichungen künftig zu vermeiden sind.
- ❏ Pacing & Leading: »Wenn ich bei Kunden bin, kann ich nicht ins Meeting kommen; stimmt. Deshalb werden wir Meetings

zum Thema Werbung künftig so terminieren, dass sie in meine besuchsfreien Zeiten fallen.«

Was aber, wenn die drei sich nicht daran halten? Muss Marika ihnen dann den Marsch blasen? Anders gefragt: Müssen Sie bei Abweichungen von Vereinbarungen mit Konsequenzen drohen?

# Kontrolle und Konsequenzen

Wer erfolgreich verhandeln will, muss zwei Dinge können, die uns oft schwerfallen: kontrollieren und Konsequenzen androhen.
Viele Vertragsabweichungen kommen gar nicht oder zu spät ans Tageslicht, weil wir uns zu sehr auf Treu und Glauben verlassen. Warum? Weil wir oft glauben, dass Kontrolle eine Beziehungsbeschädigung ist. Wer das glaubt, hat sich noch keine tiefergehenden Gedanken zu einer Beziehung gemacht: Wenn Sie nicht kontrollieren, können Sie dem Partner keine Fehler rückmelden, die ihm möglicherweise unabsichtlich durchgerutscht sind. Sie schauen also weg, während er sich weiter blamiert und sich und Ihnen schadet! Das ist unterlassene Hilfeleistung.

 Wenn Sie kontrollieren, kontrollieren Sie nicht wie eine Gouvernante, sondern wie eine große Schwester eine kleine Schwester kontrollieren würde: wohlwollend, nachsichtig, aber stets ehrlich.

Viele können das nicht, weil sie Kontrolle aus dem Elternhaus als bevormundend und abwertend erlebt haben. Deshalb ist es gut, von Vorbildern zu lernen. Erika ist so eines. Sie kann Kontrolle gut kommunizieren, weil sie Sandwich-Feedback geben kann: Erst das Positive, dann den vorwurfsfreien Befund, dann wieder einen konstruktiven Wunsch. Sie sagt zum Beispiel zu einem Drucker: »Danke für unsere neuen Prospekte. Der Druck kommt wirklich super farbenfroh. Bei zwei der acht Kartons habe ich eine Verzeich-

Sandwich-Feedback

nung der Farbigkeit festgestellt. Könnten Sie sich bitte eine Stich-
probe davon ansehen und mir Ersatz schicken?« Dem Lieferanten
schmeckt keine Reklamation, logisch. Aber er sagt über Erika: »Ich
merke, dass sie sich Mühe gibt, sachlich und höflich zu bleiben. Ist
doch klar, dass ich mich dann auch bemühe. Ich will doch nicht als
kompletter Idiot dastehen.« Was aber, wenn die nächste Lieferung
wieder nicht wie vereinbart eintrifft?

 Im Business wie im Leben hat es sich bewährt, Konsequenzen nicht anzudrohen (weil das wenig nützt und
eher eskaliert), sondern zu ziehen.

**Einfach Konse-
quenzen ziehen**
Als die nächsten Prospekte wieder teilweise fehlerhaft sind, hält
Erika die Bezahlung für den fehlerhaften Anteil zurück. Das ist
üblich. Wer das nicht tut, muss sich vorwerfen lassen, zu naiv für
diese Welt zu sein. Sie trauen sich aber manchmal nicht, Konsequenzen zu ziehen? Warum nicht? Lassen Sie mich raten: Weil Sie
den Zorn des Verhandlungspartners fürchten. Denn jene, die
Vereinbarungen nicht einhalten, reagieren meist recht ungehalten,
wenn Sie sich revanchieren und Konsequenzen ziehen.

 Wenn Sie Konsequenzen ziehen, rechnen Sie gleichzeitig
mit einer negativen Reaktion Ihres Verhandlungspartners. Steigen Sie nicht auf die Eskalation ein. Konzentrieren Sie sich lieber auf die Klärung.

Einer von Erikas Lieferanten zum Beispiel tobt: »Wegen zwei von
200 Modulen halten Sie die Hälfte der Bezahlung zurück? Sind Sie
noch bei Trost? Sie sind eine verdammte Sklavenschinderin!« Erika
reagiert asiatisch: Sie lässt die Beleidigung an sich vorüberziehen
und winkt ihr zum Abschied zu. Dann sagt sie betont und bewusst
sachlich: »Ja, ich weiß, das ist hart – für uns beide. Denn wegen der
beiden defekten Module können wir die 198 anderen auch nicht in
unserer Anlage online schalten. Und jetzt lassen Sie uns darüber
reden, wie uns beiden am schnellsten geholfen ist.«

# Tricks und Kniffe

Erfahrene Verhandlerinnen haben so ihre Tricks, möglichst früh etwas über die Zuverlässigkeit von Verhandlungspartnern herauszufinden. Lara sagt: »Bevor ich mit jemandem verhandle, erkundige ich mich bei Personen in seinem Umfeld über ihn.« Also bei Kunden, Lieferanten, anderen Verhandlungspartnern, Mitarbeitern, Vorgesetzten … Das ist keine Schnüffelei! Denn Lara fragt nicht nach dem Privatleben, sondern dezidiert nach dem Verhandlungsverhalten, insbesondere der Verlässlichkeit. Darüber gibt jeder gern Auskunft, weil er in vergleichbarer Situation auch diese Auskunft erwarten würde.

Sabine sagt: »Wenn sich einer partout nicht an Vereinbartes hält, rufe ich irgendwann seinen Vorgesetzten an.« Das belastet zwar die Beziehung mit dem wortbrüchigen Verhandlungspartner – doch das tut der wiederholte Vertragsbruch noch viel mehr! Meist sind Vorgesetzte von der Unzuverlässigkeit eines Mitarbeiters nicht begeistert und schaffen Abhilfe, weil sie Schaden vom eigenen Unternehmen abwenden wollen. Hilft der Vorgesetzte nicht, ist das der beste Grund, die Beziehung zu diesem Unternehmen abzubrechen – selbstverständlich erst, nachdem Sie eine Ersatzquelle erschlossen haben. Unzuverlässigkeit ist übrigens im Business der häufigste Grund für Lieferantenwechsel – nicht der viel beschworene Preis!

*Kontakt zum Vorgesetzten aufnehmen*

Leonie ist ziemlich ausgebufft, was Verhandlungen angeht. Sie hat einige Erfahrungswerte gesammelt, die prima facie seltsam anmuten, zum Beispiel: »Menschen, die mir zu enthusiastisch etwas verkaufen wollen, wecken zunächst einmal meine besondere Wachsamkeit.« Warum? Weil der Verdacht naheliegt, dass ein begeisterter Verkäufer zunächst einmal von seiner in Aussicht stehenden Provision begeistert ist – und nicht davon, dass er mir meine Wünsche erfüllt.

Monika hat ebenfalls viel Erfahrung in Verhandlungen. Sie rät: »Ich rede offen über Zuverlässigkeit. Ich spreche an, wie wichtig sie mir ist. Wer mir daraufhin versichert, dass er oder seine Firma absolut zuverlässig seien, dem misstraue ich erst einmal.« Warum?

Weil die wirklich Zuverlässigen keine Pauschalbeteuerungen machen, sondern anhand von konkreten Belegen beweisen, dass sie zuverlässig sind. Die besonders Zuverlässigen machen nicht mal das. Die fragen Monika erst mal, was genau sie unter Zuverlässigkeit versteht – und führen dann spezifische und vor allem nachprüfbare Belege an.

Franka erzählt: »Unzuverlässigkeit ist einer der schlimmsten Verhandlungskiller überhaupt. Stellen Sie sich vor, ich verhandle sechs Wochen lang, erziele ein tolles Ergebnis – und dann stellt sich der Partner als unzuverlässig heraus! Dann sind die sechs Wochen vergeudet! Meine ganze Verhandlungskunst nützt nichts, wenn ich Unzuverlässigkeit nicht vorab schon erkennen kann!« Deshalb schwört sie auf Testballons. Sie schickt eine Strohfrau vor, die einen oder einige kleine Deals mit ihrem aktuellen Verhandlungspartner abwickelt. Was bei diesen Praxistests herauskommt, ist mehr wert als tausend Worte des Verhandlungspartners.

**Wie zuverlässig ist der andere?**

 Wenn Testballons nicht möglich sind, empfiehlt sich erst einmal eine Reihe kleinerer Vereinbarungen, die nach und nach gesteigert werden.

Denn Zuverlässigkeit zeigt sich immer noch am untrüglichsten in der harten Realität, weitab vom Verhandlungstisch.

Ein ähnlich wirksames Instrument sind kleine Testprojekte: Während Sie verhandeln, lassen Sie Ihren Verhandlungspartner kleine Aufgaben erfüllen. Eine Markterkundung, eine Quellenrecherche, einen besonderen Labortest … Daran erkennen Sie besser als an seinen Worten, wie zuverlässig er und seine Organisation das einhalten (können), was sie versprechen.

# Lass dich nicht mit jedem ein!

Wenn wir verhandeln, konzentrieren wir uns meist viel zu sehr auf den Verhandlungsgegenstand. Sie verhandeln zum Beispiel mit Ihrem Zahnarzt über eine Krone, erreichen einen zufriedenstellenden Abschluss – und der Kerl baut Ihnen ein asiatisches Plagiat ein, das Ihnen nach einem Jahr im Mund zerspringt. Was haben Sie bei der Verhandlung falsch gemacht? Sie haben sich zu sehr auf die Krone und zu wenig auf die Zuverlässigkeit Ihres Verhandlungspartners konzentriert. Gerade die Zuverlässigkeit hat unter der Globalisierung heftig gelitten. Die meisten Unternehmen sind von der globalen Hyperkonkurrenz, dem ständigen Preisverfall, der Bedrohung durch Billigländer, dem Sittenverfall im Management, der Korruption und der letzten Wirtschaftskrise derart geschwächt, dass sie sich Zuverlässigkeit überhaupt nicht mehr leisten können, weil sie zu teuer wurde. Was ich damit sagen will:

 Unsere Zukunft wird eine Zukunft der Unzuverlässigkeit sein.

Es ist schon heute ungeheuer wichtig, die Zuverlässigkeit eines Verhandlungspartners möglichst schnell zu erkennen. Morgen wird es geradezu überlebenswichtig sein. Das heißt: Vertrauen Sie verstärkt auf Ihren Bauch! Wenn Sie in Verhandlungen dieses seltsame Gefühl beschleicht, beschwichtigen Sie es nicht! Nehmen Sie es ernst und bohren Sie beim Verhandlungspartner nach!

*Dem Bauchgefühl vertrauen*

 Wie Felice, die als Einkäuferin für einen Mittelständler arbeitet. Drei Wochen lang verhandelte sie mit einem netten Franzosen über eine Spezialanfertigung. Drei Wochen lang überbrachte er bezüglich einer Detailfrage immer dieselbe Nachricht: »Tut mir leid, aber unser Labor sagt, dass sie die Legierung immer noch nicht auf 70 Grad Rockwell härten können.« Weil das eine Detailfrage war,

verhandelten sie über andere Punkte weiter. Eines schönen Tages erschien der nette Franzose freudestrahlend: »Das Labor sagt, dass die Härte kein Problem mehr ist!« Natürlich ließ sich Felice von der guten Nachricht anstecken. Doch weil sie dieses komische Zupfen im Bauch verspürte, sagte sie: »Bitte seien Sie mir nicht böse. Aber mich interessiert, wie Ihr Labor das geschafft hat. Könnte ich mit dem zuständigen Experten sprechen?« Das tat sie. Dabei stellte sich heraus: Das Problem war keinesfalls gelöst. Es hatte lediglich der Laborant gewechselt. Während der alte Laborant jedes Mal das Kästchen »Härte der Legierung« rot markiert hatte, hatte der neue es grün markiert und sagte auf Anfrage: »Ach, bis der Auftrag da ist, kriegen wir das schon irgendwie hin. Haben wir doch immer!«

Unter erfahrenen Verhandlerinnen ist Zuverlässigkeit inzwischen wichtiger geworden als alles andere. Eine Supply Managerin eines großen deutschen Automobilzulieferers sagt: »Viele Unternehmen können erstklassige Scheibenwischer liefern. Leider brauchen wir das nicht. Wir brauchen keine erstklassigen Produkte. Wir brauchen erstklassige Produkte, die erstklassig zuverlässig geliefert werden.«

 Es geht nicht darum, dass Sie eine Paranoia entwickeln und allem und jedem misstrauen. Es geht nicht um Misstrauen, sondern um Klärung, Transparenz und Kontrolle. Kontrollieren Sie stetig auf Zuverlässigkeit. Aber setzen Sie diese Kontrolle nicht als Misstrauensvotum ein, sondern als Coaching für Ihren Verhandlungspartner. Verhelfen Sie ihm zu mehr Zuverlässigkeit.

Wie Felice. Die machte ihren Franzosen nicht zur Schnecke, als der »Betrug« seines Labors aufflog. Sie sagte viel mehr: »Regen Sie sich

nicht auf. Ich tue es auch nicht. Ich verstehe Ihren Laboranten. Er ist einfach ein sehr optimistischer Mensch. Schwamm drüber. Sagen Sie mir lieber, wie wir die Aussagen Ihrer Fachbereiche künftig früher und besser überprüfen können.« Dann verhandelten die beiden genau darüber: über eine Erhöhung der Zuverlässigkeit. Denn das ist das Schöne an ihr: Sie bringt allen beteiligten Parteien einen Vorteil.

# 10 Ich verhandle extrem!

*No ego, no problem.*
Anan Thubten

## Wenn es zum Schlimmsten kommt

Ich wünsche Ihnen, dass all Ihre Verhandlungen harmonisch und konstruktiv verlaufen. Aber ich bin nicht so naiv, das zu erwarten. Ich weiß, dass die Zeiten härter werden und den Frauen in Beruf und Gesellschaft teilweise (wieder mal, schon wieder, immer noch, immer wieder) ein rauer Wind um die Nase weht. Häufig begegnen mir Zeuginnen (Opfer?) dieser rauen Winde in Coaching oder Seminar. Frauen, die beim Gedanken an ihre letzte besonders belastende Verhandlung rückblickend noch schaudern und schulterzuckend erklären: »Kann man nichts machen. Ist halt so. Muss man sich damit abfinden.« Da wage ich zu widersprechen.

**STOP** Gewöhnen Sie sich das Aushalten von und Abfinden mit meschuggen Verhandlungspartnern, Chauvis, machtgeilen Chefs und manipulativen Bissstuten ab. Schulterzucken ist zwar die menschlich unreflektierte Spontanreaktion. Doch dieser unreflektierte Reflex kostet zu viel Kraft und macht Sie auf Dauer kaputt. Außerdem lernen Sie dabei nicht, künftige Extremsituationen besser zu bestehen!

Aushalten und uns abfinden mit einer Situation sollten wir immer erst dann, wenn wir alle anderen Optionen erschöpft haben. Das ist

wie mit dem Essen auch: Es ist leichter, sich noch ein Sahnestück reinzustopfen. Doch auf Dauer macht einen das fett und frustriert. Erst sollten wir versuchen, der süßen Versuchung zu widerstehen und andere Optionen zu nutzen: Banane essen, Joghurt, Gummibärchen von mir aus. Ich kann Ihnen nicht versprechen, dass es ähnlich simple Patentrezepte für den Verhandlungs-GAU gibt. Doch es gibt eine universelle Strategie, die einfach und zugleich hoch wirksam ist:

 Je extremer die Situation, desto bewusster sollte Ihr Umgang mit ihr sein!

Was heißt Extremsituation? Ganz pragmatisch: Was Sie als extrem empfinden, ist extrem. Punktum. Basta. Bei dieser Definition ist Ihr Bauch, Ihr gesundes Empfinden die einzig maßgebliche und zuverlässige Instanz.

**Reagieren Sie nicht sofort**

Ein bewusster Umgang mit Extremsituationen heißt: Nicht sofort *reagieren*, sondern erst mal *reflektieren*. Auf alle Signale der Situation bewusst achten, anstatt unter ihnen zu leiden und sich von ihnen zu Kurzschlussreaktionen hinreißen zu lassen. Achten Sie auf alles, was Sie wahrnehmen können: Was sagt er/sie? Was sagt seine/ihre Körpersprache? Was denke ich? Was fühle ich? Was spürt mein Körper? Wo? Wie? Dieses Bewusstmachen auf allen sensorischen Ebenen nimmt der Situation das Belastende, verschafft innerlich Abstand und macht einen klaren Kopf. Saskia erzählt:

**z.B.** »Ich hatte eben eines der erfolgreichsten Projekte der Unternehmensgeschichte abgeschlossen und verhandelte nun mit meinem Bereichsleiter über die Modalitäten für ein neues Projekt, als er meine Bitte um Zugang zum firmeneigenen Simulationszentrum damit ablehnte, dass dieser Zugang ›ausschließlich verdienten Projektleitern‹ zuständе. Ich war sprachlos vor Wut! Ich hätte ihm am liebsten den Kopf abgebissen. Aber anstatt mich von mei-

ner Wut leiten zu lassen, achtete ich für zwei Sekunden nur darauf, wo sie sitzt, wie sich das anfühlt, was meine Gedanken mit mir anstellen. Dabei wurde ich innerlich wunderbar ruhig – und hatte eine geniale Idee. Ich sagte ihm, dass ich einige dieser verdienten Projektleiter gut kenne, weil sie mir zu meinem letzten Projekterfolg gratuliert hatten. Ich könne innerhalb von fünf Minuten eine schriftliche Empfehlung für den Zugang von jedem von ihnen einholen – ob ich gleich damit anfangen solle? Damit hatte ich ihn an der Wand. Und das wusste er auch. Ich bekam den Zugang noch am selben Tag.«

Natürlich hat Saskia diesen Grad an gebündelter und selbst unter Extremstress aktivierbarer Achtsamkeit nicht in die Wiege gelegt bekommen. Sie hat sie trainiert. Genauso wie sie ihre anderen Verhandlungsfähigkeiten trainiert hat. Wer gut verhandeln (leben, lieben, genießen, Sport treiben, arbeiten) will, trainiert Achtsamkeit. Wer achtsam bei sich bleibt, sich zentriert, anstatt sich auf die Palme treiben zu lassen, kann im wahrsten Sinne des Wortes bewusst (statt reflexiv) reagieren. Womit denn nun? Zum Beispiel mit einer Umstellung der Prioritäten.

*Achtsamkeit trainieren*

# Prioritäten drehen!

 Sobald es extrem wird: Wechseln Sie die Prioritäten!

Nicht mehr das ursprüngliche Verhandlungsziel steht jetzt ganz oben, sondern (vorübergehend) das optimale Bewältigen der Extremsituation. Nicht mehr: »Ich muss dies und jenes in der Verhandlung erreichen.« Sondern: »Erst mal die Situation bewusst erfassen, dann sehen wir weiter!« Betrachten wir ein Beispiel.

Maja steckt in der Klemme. Sie muss mit einem Kunden verhandeln, mit dem ein (inkompetenter) Kollege einen falschen Vertrag ausgehandelt hat. Natürlich fiel der falsche Vertrag sehr zugunsten des Kunden aus. Als er den neuen Vertrag sieht, fängt der Kunde an zu toben und wird massiv. Er droht mit dem Kadi und damit, Majas Firma öffentlich als »Betrüger« bloßzustellen. Er wirkt auch körperlich immer bedrohlicher. Maja bemerkt, wie ihr flau wird im Magen und wie ihre Hände zu zittern beginnen. Das ist gut. Denn dass sie das bewusst registriert, zeigt deutlich, dass ihre Achtsamkeit es auch mit Extremsituationen aufnehmen kann. Sie geht nicht in der Situation unter; sie steht über ihr. Maja denkt: »Und diesem tobsüchtigen Etwas muss ich jetzt den neuen Vertrag verkaufen!« Nein. Das war die alte Priorität.

**Störungen sind erst mal wichtiger als Ziele**

Wenn es extrem wird, lautet die neue oberste Priorität: »Erst mal die Situation innerlich verarbeiten. Danach zurück zum Verhandlungsziel.« In der themenzentrierten Interaktion heißt der Leitspruch: »Störungen sofort auf den Tisch!« Das heißt: Nicht einfach weiterverhandeln, als ob nichts passiert sei. Sondern umschalten, den Fokus umlenken auf die Störung und diese erst einmal bewusst in allen Dimensionen erfassen. Genau aus diesem Grund muss Maja ihr Verhandlungsziel zunächst beiseite legen: Damit sie sich innerlich nicht selbst unter Druck setzt. Anders formuliert:

 Je extremer die Situation, desto eher und stärker die eigenen Bedürfnisse in den Vordergrund stellen!

Das fällt Frauen erfahrungsgemäß schwer – doch das ist keine Entschuldigung dafür, es zu unterlassen! Es gibt Situationen, in denen es kein Luxus, sondern Ihre verdammte Pflicht und Schuldigkeit ist, sich zunächst und zuerst einmal um sich und Ihre

Bedürfnisse zu kümmern. In Extremsituationen ist das so und muss das so sein: Jede Stewardess wird Ihnen sagen, dass Sie bei einem überraschenden Druckabfall im Flugzeug zunächst einmal Ihre eigene Sauerstoffmaske überziehen sollen – bevor Sie Ihrem hilfsbedürftigen Nachbarn dabei helfen.

 Christina ist seit sechs Monaten neue Abteilungsleiterin vom Support eines Dienstleistungsunternehmens. Sehr kompetent, sehr ehrgeizig, total im Stress. Im Coaching erzählt sie: »Alles läuft eigentlich prima. Ich habe ein gutes Verhältnis zu meinen Mitarbeitern – nur die Deborah macht mir Kopfzerbrechen. Ich verhandle fast jeden zweiten Tag mit ihr wegen ihres neuen Projekts, verschaffe ihr neue Ressourcen, mehr Budget – aber das geht und geht nicht voran. Und eigentlich bleibt meine eigene Arbeit dabei liegen.« Sie schweigt, zögert und fügt dann an: »Im Grunde bin ich kurz vor dem Burnout. Der neue Job, die neue Verantwortung – und ich renne stundenlang hinter der Deborah her.«

Genau das ist das Problem: Sie fühlt sich offensichtlich verpflichtet, ihrer Mitarbeiterin etwas Gutes zu tun, zäh bis zum beiderseitigen Erfolgsfall weiter zu verhandeln – obwohl es ihr dabei schon ganz lange ganz arg schlecht geht.

**Klare Ansage**

So geht das nicht! Sie muss, und genau das sage ich ihr im Coaching deutlich und dezidiert, in dieser offensichtlichen Extremsituation endlich aufhören, fremde Bedürfnisse über ihre eigenen zu stellen. Sie muss der Mitarbeiterin eine klare Ansage machen – und nötigenfalls Konsequenzen ziehen. Und das schnell. Bevor sie noch mehr Schaden nimmt. Sie muss sich fragen: »Was will ich?« Im Gegensatz zu: »Was glaube ich zu müssen?« Weil diese beiden Fragen zentral für Ihren Erfolg und Ihr Wohlergehen in Extremsituationen sind, vertiefen wir sie nun.

# Die inneren Imperative loslassen

Warum überhaupt geraten Saskia und Maja in eine Extremsituation? Weil Saskias Chef ein Idiot ist und Majas Kunde auf 180? Das sieht nur auf den ersten Blick so aus. Tatsächlich empfindet Saskia die Situation als extrem, weil ihr Vorgesetzter sie extrem beleidigt. Was aber ist eine Beleidigung?

 Eine Beleidigung ist eine grobe Verletzung von Erwartungen.

Wenn Heidi Klum sagen würde, dass Saskia keine »verdiente Projektleiterin« ist, was würde das Saskia ausmachen? Eher wenig. Weil Saskia nicht erwartet, dass eine erwachsene Frau, die kleine Mädchen vor laufender Kamera zum Heulen bringt, sie für eine verdiente Projektleiterin hält. Von ihrem Bereichsleiter erwartet sie das jedoch – und genau das ist der Ansatzpunkt, der Saskia und uns alle aus jeder Extremsituation herausbringt:

 Es ist nicht die Extremsituation, die uns extrem in Schwierigkeiten bringt. Es ist die extreme Enttäuschung unserer Erwartungen. Wenn wir diese inneren Imperative loslassen (können), fällt der ganze Druck der Situation von uns ab und wir können wieder souverän agieren.

In Saskias Hinterkopf spukt ganz unbewusst der Imperativ herum: »Er muss dich für eine gute Projektleiterin halten! Wenn nicht, ist das der Weltuntergang!« In Majas Unterbewusstsein ist es der Imperativ: »Du musst dem Kunden den neuen Vertrag verkaufen! Du musst den Fehler deines Kollegen ausbügeln!« Meist genügt es schon, sich diesen unterbewussten Imperativ bewusst zu machen, damit er seine Macht verliert. Maja sagt darauf: »Ich muss gar nichts. Wenn der Kunde nicht will, kann ich auch nichts dafür. Ich bin nicht die Pannenhilfe für meine lieben Kollegen!« Und dann –

verhandelt sie weiter. Denn dass sie sich innerlich von ihrem Imperativ frei macht, heißt ja nicht, dass sie die Verhandlung aufgibt. Sie verhandelt weiter, aber eben ohne inneren Zwang und Druck. Das ist wie beim Tennisspielen: Wenn ich mir ständig vorsage, dass ich den nächsten Aufschlag verwandeln *muss*, haue ich garantiert ins Netz oder ins Aus. Wenn ich mich aber von diesem inneren Zwang frei mache und einfach nur gut aufschlage, ist die Chance eines Asses ungleich größer.

Wenn Sie sich von inneren Imperativen frei machen, erleben Sie inmitten der schlimmsten Extremsituation eine ungeheure innere Freiheit. Also regen Sie sich in Extremsituationen nicht über Ihren Verhandlungspartner auf, sondern forschen Sie lieber nach, welcher innere Imperativ die Situation für Sie so extrem macht. Dieses Bewusstmachen befreit Sie aus den Fesseln der Situation. Die Situation hat keine Macht mehr über Sie. Und aus dieser inneren Freiheit heraus können Sie die einzig richtige Extremtaktik anwenden.

Befreiende Wirkung

# Die einzige richtige Extremtaktik

Selbst wenn Sie innerlich frei geworden sind, bleibt die Frage, wie Sie äußerlich mit der Situation umgehen. Darauf gibt es nur eine Antwort:

 In einer Extremsituation kann (nach dem Abschied von inneren Imperativen) nur gelten: Dranbleiben!

Welches wäre die Alternative? Rauslaufen? Abbrechen? Klein beigeben, bloß weil es extrem wurde? Würde ich a priori nicht empfehlen. Diese Rückzugstaktiken sind nur dann sinnvoll, wenn Sie anderweitig keine realistische Aussicht auf Erfolg mehr haben, wenn alle Optionen ausgereizt sind.

Natürlich ist es sehr anstrengend, unter Extrembedingungen auf seinem Verhandlungskurs zu bleiben. Doch genau in diesem Punkt bin ich mir nicht einmal so sicher. Wenn Sie sich einmal innerlich frei gemacht haben, werden Sie erfreut feststellen, dass die Extremsituation kaum noch Kraft kostet und oft sogar Spaß macht. Maja sagt: »Als mir klar wurde, dass mich keiner zwingen kann, dem Kunden den neuen Vertrag unterzujubeln, machte mir das Toben des Kunden nichts mehr aus. Die Situation war plötzlich so surreal, dass es fast schon wieder Spaß machte, weiter mit ihm über den neuen Vertrag zu verhandeln.«

Wenn ein Verhandlungspartner Sie in eine Extremsituation bringt, dann hofft er insgeheim, dass Sie klein beigeben. Wollen Sie ihm diesen Gefallen tun? Nein. Bleiben Sie dran!

## Raus aus der Problemschleife!

 Ein charakteristisches Symptom von Extremsituationen ist das Kreisen um Probleme, der muntere Austausch von Vorwürfen, Unterstellungen, Verdächtigungen, das Lamentieren über Hindernisse und das Aufzählen von wechselseitigen Versäumnissen. Wie geraten wir in so eine Schleife? Tamara sagt: »Als meine Chefin mich neulich fünf Minuten lang nur angezickt hat, habe ich mich gefragt: Was ist ihr Problem? Was habe ich ihr getan? Was lief schief? Warum ist die so ärgerlich? Wo liegt die Ursache für unseren Krach?« Alles naheliegende Fragen? Ja. Wie beurteilen Sie deren Wirkung? Wie nennt man diese Vorgehensweise?

Problem-
zentrierung

Die zweite Frage zuerst: Was Tamara da macht, nennt man Problemzentrierung. Sie versucht, ein Problem zu lösen, indem sie dessen Ursachen erforscht. Bei trivialen Problemen funktioniert das tadellos: Wasserhahn tropft? Ursache ist wohl eine undichte

Dichtung. Also neue Dichtung rein. Leider ahnen wir es schon: In komplexen Situationen (wie einer Extremsituation) führt die Problemzentrierung nur noch tiefer in das Problem hinein. Man analysiert sich zu Tode und kreist endlos um mögliche Ursachen – anstatt um Lösungen!

Aus genau diesem Grund wurde der lösungsorientierte Ansatz entwickelt. Sein paradoxer Leitspruch:

 **Ich muss das Problem nicht kennen, um es zu lösen!**

Weder seine exakte Beschreibung noch seine einleuchtende Erklärung noch seine Ursachen. Wer ein komplexes Problem lösen will, muss an und in Lösungen denken, nicht in Ursachen. Lehrbuchbeispiel: Wenn ich weiß, dass die Ursache meiner chronischen Schüchternheit in Verhandlungen mit männlichen Autoritäten ein verkappter Ödipuskomplex ist – was bringt mir das für die nächste Verhandlung mit einem Vorstandsvorsitzenden? Wir sollten unseren Freud gelesen haben: Das Erkennen eines Komplexes bedeutet nicht dessen Überwindung. Eher im Gegenteil.

Deshalb steigen Sie am schnellsten aus der Problemschleife aus, indem Sie willentlich und bewusst und hartnäckig den Fokus auf die Lösung legen, möglichst explizit: »Okay, Sie haben ja recht, es ist alles zum Heulen. Was wäre Ihrer Meinung nach eine gute Lösung?« Meist ist Ihr Gesprächspartner davon so überrascht, dass das Überrumpelungsmanöver funktioniert und Sie durch Ihre Fokusverlagerung auch die Sicht des Partners einbeziehen. Oft jedoch ist der Partner im Masochismus der Problemschleife gefangen und fällt immer wieder in die Ursachenforschung zurück: »Wenn Sie damals nicht … dann ständen wir heute jetzt nicht so mies da!« Was hilft da? Eisern bleiben. Immer wieder den Fokus auf die Lösung richten. Meta-Kommunikation betreiben, aber vorwurfsfrei: »Wir sollten aufhören, über Ursachen zu grübeln. Lassen Sie uns lieber über Lösungen reden.« Wenn Sie eisern bleiben,

*Aus der Problemschleife aussteigen*

beenden Sie irgendwann die Rückfälle des Partners. Auch wenn das Mühe macht: Welches wäre die Alternative? Weiter im Ursachensumpf zu versinken?

Über Probleme
statt über
Lösungen reden

Die Ursachensuchsucht des Partners endet umso schneller, je stärker Sie auf Lösungen abstellen, die Ihr Partner bei seinen Problemtiraden schon unbewusst angedeutet hat: »Wenn Sie doch bloß nicht so eine bescheuerte Tusse wären und wenigstens unsere Controllinglisten einmal im Jahr durchlesen würden!« – »Wenn ich das tun würde, wären wir weiter?« – »Ja, natürlich, was denken Sie denn? Haben Sie denn gar keine Ahnung von der Praxis?« – »Was genau müsste ich aus den Controllinglisten herauslesen?« Stimmt, das ist immer noch unheimlich emotional aufgeladen und belastend und frustrierend. Aber wenigstens reden Sie dabei über Lösungen – nicht über Probleme.

## Übernehmen Sie die Führung!

 Ihr Verhandlungspartner bringt Sie in eine Extremsituation und Sie wechseln vom Problem- zum Lösungsfokus, Sie setzen Ihr Verhandlungsziel aus und konzentrieren sich erst mal auf das Bewusstmachen der Situation. Sie machen sich von Ihren inneren Imperativen frei und bleiben eisern auf Ihrem Verhandlungskurs. Und was macht Ihr Partner derweil? Immer noch rumtoben, manipulieren oder zicken. Was passiert hier? Bitte antworten Sie aus dem Bauch heraus.

Zugegeben, eine schwierige Frage. Aber immerhin sind Sie inzwischen fast schon ein alter Hase im Verhandeln. Wenn Sie all das tun, was ich eben beschrieben habe, erzielen Sie eine paradoxe Umkehr der Verhältnisse: Obwohl der andere Sie in diese Extremsituation gebracht hat, übernehmen nun Sie die Führung. Und das ist logisch

so. Wie schon die frühen Systemtheoretiker sagten: »Das flexiblere Element steuert das System.«

Wenn Sie möchten, benutzen Sie dafür die Therapeuten-Metapher: Wenn einer tobt und zickt und schreit und sich für unfehlbar hält und Sie reflektiert sind, analytisch und bewusst den Fokus des Gesprächs wechseln können – dann ist der Partner offensichtlich der »Verrückte« und Sie sind seine »Therapeutin«.

Die erste Reaktion von Amateurinnen darauf ist: »Aber ich will nicht seine/ihre Therapeutin sein! Er/sie soll sich gefälligst in Verhandlungen anständig benehmen!« So sprechen Opfer. Menschen, die erwarten, dass die Welt sich nach ihren Wünschen richtet. Schon im normalen Leben ist eine solche Haltung schwierig. In Extremsituationen ist sie die bestmögliche Selbstsabotage-Strategie. Menschen mit Opferhaltung nehmen Schaden in Extremsituationen (und anderswo).

# Wenn Sie gegen die Wand laufen

Eine der häufigsten Fragen von Seminarteilnehmerinnen zu Extremsituationen ist: »Was mache ich, wenn ich in einer Verhandlung in eine Sackgasse gerate?« Das ist eine logisch nicht besonders beeindruckende Frage. Denn wenn ich in eine Sackgasse gerate, dann bedeutet das: Nichts geht mehr. Die Frage, was ich dann mache, erübrigt sich: Nichts. Denn es geht nichts mehr.

Da dieser Fall in der Realität jedoch angesichts des Komplexitätsgrades unserer Welt so gut wie ausgeschlossen ist, liegt der Verdacht nahe, dass viele Frauen nicht so sehr die faktische Sackgasse, sondern lediglich dieses verdammte, bleischwere Gefühl der Aussichtslosigkeit fürchten, das sie manchmal in Verhandlungen beschleicht. Dieses Gefühl hat meiner Erfahrung nach nichts mit einer objektiven Auswegslosigkeit und viel mit subjektiven Hemmungen zu tun.

> Kein Problem der Welt ist objektiv aussichtslos. Oder wie der Bayer sagt: »A bissel was geht immer!«

**z.B.** Nena schlägt ihrem Fuhrparkverwalter vor, dass sie ihren Firmenwagen für ein Wochenende gegen ein höherwertiges Modell vertauscht, weil sie Papa und Mama beeindrucken möchte. Der Verwalter lehnt rundheraus ab. Bei Nena sinkt der Mut: »Wenn der das nicht aus Kollegialität macht, habe ich keine Chance. Denn mein Wunsch ist ja wirklich nicht ganz koscher!« Das ist Verlierer-Rhetorik. Als Babs die Geschichte hört, marschiert sie schnurstracks zum Fuhrparkleiter, stellt ihn in seiner Werkstatt und sagt: »Hören Sie mal, Sie Möchtegern-Despot. Meine Kollegin hat einen klitzekleinen Wunsch, den Sie ihr problemlos erfüllen könnten. Sie wollen nicht? Okay, geht mich ja auch nicht wirklich was an. Aber wissen Sie denn, wer die Kollegin ist? Die sitzt in der erweiterten Geschäftsführung. Bei den nächsten Budgetverhandlungen kann die Ihnen ganz schön nützlich sein. Nur so als Tipp.« Als Babs die Werkstatt verlässt, hält sie die Schlüssel für einen 7er-BMW in der Hand. Warum hat Nena das nicht hingekriegt? Warum hat sie die Verhandlungssituation als »ausweglos« empfunden?

Aus einem einfachen Grund: Wer eine Verhandlungssituation als ausweglos erlebt, meint damit eigentlich: »Mit meinen üblichen Mitteln ist nichts mehr zu holen. Und mehr als meine üblichen Mittel traue ich mir nicht zu. Was sollen denn die anderen von mir denken, wenn ich mich plötzlich auf die Hinterbeine stelle?« Nena weiß genauso gut wie Babs, dass sie in der erweiterten Geschäftsführung sitzt. Doch im Gegensatz zu Babs kommt Nena nicht aus der Rolle des braven Mädchens raus – und verschweigt »in aller Bescheidenheit« ihre einflussreiche Funktion. Das ist ziemlich unflexibel:

> **Tipp** Sie sollten den Mut bewusst entwickeln, in Sackgassen-situationen über den eigenen Schatten zu springen und Dinge auszuprobieren, die Sie bislang vielleicht nicht so oft oder gern getan haben. Das ist immer noch besser, als in der Sackgasse stecken zu bleiben.

Das ist die eigentliche Crux in Extremsituationen. Es ist nicht der Druck. An Druck sind wir Frauen doch nun wirklich gewöhnt! Es ist vielmehr unser leichtfertiger Verrat an unseren eigenen Wünschen. Daraus hat Samira übrigens ein eigenes Extrem-Rezept entwickelt (Kennzeichen aller Profi-Verhandlerinnen: Sie entwickeln ständig eigene Rezepte): »Als Kind war ich sehr trotzig. Das hilft mir jetzt. Wenn ich mit dem Rücken zur Wand stehe und mir die Ohren klingeln und die Situation wirklich extrem ist, werde ich plötzlich ganz ruhig. Weil ich mir sage: Nichts mehr zu machen? Okay. Dann kann es ja allen egal sein, wenn ich trotzdem an meinen Wünschen festhalte.« Klingt paradox, ist paradox und führt in der Regel zum paradoxen Ergebnis, dass immer etwas geht, obwohl eigentlich nichts mehr geht. Was uns zu einigen noch verrückteren Extremrezepten bringt.

*Entwickeln Sie eigene Rezepte!*

## Verrückte Extremrezepte

Neulich coachte ich ein Vorstandsmitglied, das von einer jungen Projektleiterin so beeindruckt war, dass der 57-jährige Topmanager gut zehn Minuten seiner Coachingsitzung damit zubrachte, mir darüber zu erzählen: »Die wollte etwas völlig Unrealistisches von mir. Ich sagte ihr ungefähr 20 Mal, dass das total unmöglich sei. Die schien das einfach nicht zu hören! Die hat das ignoriert! Und am Ende haben wir dann doch irgendwie eine provisorische Lösung gefunden. Ich weiß bis heute nicht, wie sie das geschafft hat!« Dafür wissen es die Philosophen.

Alles ist möglich, nichts ist unmöglich

Alle großen Dichter und Denker bezeichnen es als herausragendes Merkmal der Jugend, dass sie alles für möglich und nichts für unmöglich hält. Wir Erwachsenen halten das für Träumerei, Naivität und Weltfremdheit. Konstantin Wecker würde diese Haltung feig nennen: »Und das nennt sich dann erwachsen oder einfach Realist – viele Worte, zu umschreiben, dass man feig geworden ist.«

Es kann als Zeichen eines gesunden Geistes ausgelegt werden, Hindernisse als solche zu erkennen. In Extremsituationen bin ich mir jedoch nicht so sicher, ob Realismus Sie weiterbringt. Auf jeden Fall gilt: Sich von vornherein auf eine der beiden Ansichten zu versteifen ist die schlechtere Alternative. Wer Dinge nur lange genug für möglich hält, macht sie auch irgendwann irgendwie möglich.

Die Skeptikerinnen entgegnen mir an dieser Stelle oft: »Aber es gibt doch Verhandlungen, die wirklich scheitern!« Seltsam, wie sehr sich Menschen doch manchmal aufs Scheitern versteifen. Ich weiß wirklich nicht, was genau sich als Scheitern bezeichnen lässt. Wer definiert das? Wenn ich die Brocken hinwerfe, bin ich dann gescheitert? Oder habe ich bloß aufgegeben? Aber einverstanden: Manchmal »scheitern« wir. Die Profi-Verhandlerin ficht das nicht an. Die kokettiert sogar damit und macht aus dem Scheitern eine neue Verhandlungstechnik:

 Wenn Sie gescheitert sind (wer auch immer das definiert), stellen Sie doch mal die Frage: »Ich habe das Gefühl, wir sind an unsere Grenzen gestoßen. Wir kommen nicht weiter. Sind Sie damit einverstanden, dass wir unsere Verhandlungen für gescheitert erklären? Oder sehen Sie noch eine Möglichkeit?«

Erkennen Sie unser Leitmotiv wieder? Wer so fragt, führt selbst im Scheitern noch. Diese Führung hat immer große Wirkung. Entweder dem Verhandlungspartner wird klar, dass er tatsächlich kurz vor dem Scheitern steht, und er mobilisiert seine letzten Einigungs-

vorschläge. Oder das Rumeiern ist beendet, weil der andere froh ist, dass Sie schaffen, was er nicht geschafft hat: die Verhandlung abzubrechen. Wenn Sie tatsächlich abbrechen, sind Sie dann offiziell gescheitert?

Ich würde das bestreiten. Das klingt verrückt? Ja. Aber bedenken Sie: Wir befinden uns in einer Extremsituation. Da darf frau nicht nur ein bisschen verrückt agieren, da *muss* sie es sogar. Im Klartext: Verhandeln Sie selbst nach dem Scheitern der Verhandlung noch weiter!

Extreme Situationen erfordern extreme Mittel

Stellen Sie die allerletzte Frage: »Aus meiner Sicht sind unsere Verhandlungen nun gescheitert. Wir können uns also entspannen. Es geht um nichts mehr. Wir können aufhören, uns zu beharken. Fühlt sich gut an, nicht? Jetzt können Sie es mir sicher sagen: Woran lag es denn letztendlich aus Ihrer Sicht?«

Selbst wenn auf diese Frage hin nichts kommt (was nie der Fall ist), haben Sie nichts verloren. Doch meist Verhandlungspartner nennen spätestens jetzt ihre ehrlichen Gründe, Motive, Verstrickungen und Interessen – und die Verhandlung geht weiter!

Ich kenne einige exzellente Verhandlerinnen, die treiben selbst dieses extreme Rezept noch auf die Spitze. Die rufen einige Tage nach dem offiziellen Scheitern einer Verhandlung beim Verhandlungspartner an, bedanken sich trotz des negativen Ausgangs für die konstruktive Atmosphäre und fragen, ob sich im Nachgang des Scheiterns irgendetwas an der Sachlage geändert habe. Die Gesprächspartner sind daraufhin immer beeindruckt. Die merken: Da lässt eine nicht locker. Die ist wirklich an einem Deal mit uns interessiert. Das beeindruckt. Und daraufhin geht immer was. Entweder beim aktuellen Deal oder bei einem zukünftigen. Nach dem Deal ist vor dem Deal.

## Wie versorgen Sie Ihre Opfer?

Wechseln wir ins andere Extrem: Viele Frauen verhandeln in der Zwischenzeit so gut, auch hart, dass sie manches Herz brechen. Ich

werde oft gefragt: »Wenn ich einen Verhandlungspartner nach allen Regeln der Kunst an die Wand verhandelt habe und ihm danach wieder begegne – wie verhalte ich mich?« Eine sagte mal halb scherzhaft: »Ich kann ihn ja nicht bei der Begrüßung fragen, ob er die Schlappe inzwischen weggesteckt hat!« Das ist typisch Frau. Männer würden sich nie Gedanken um ihre »Opfer« machen. Trotzdem:

Gehen Sie nicht auf die »Schlappe« ein. Auch nicht mit tröstenden Worten. Denn selbst das könnte die Wunde wieder aufreißen.

**Keine Wiedergut-machung!**

Starten Sie auch keine Wiedergutmachung! Seien Sie einfach so freundlich, höflich und wertschätzend wie hoffentlich immer. Das bringt am deutlichsten die Message rüber: »Es ist alles okay zwischen uns. Was war, das war. Gestern war gestern und heute ist heute.«

Was machen Sie jedoch, wenn Ihr »Opfer« die olle Kamelle aufwärmt? Widerstehen Sie mit viel Selbstbeherrschung der Versuchung, sich zur Wiedergutmachung hinreißen zu lassen. Das hinterlässt auf beiden Seiten ein sehr schäbiges Almosen-Gefühl – und unterminiert Ihre Verhandlungsstärke auf Dauer. Antworten Sie lieber nach dem Leitmotiv: »So ist das halt bei Verhandlungen. Heute gewinne ich, morgen verlieren Sie. Das ist der Gang der Dinge.« Sie haben den Partner in einer fairen Verhandlung »besiegt«. Dafür muss sich keine(r) schämen.

## Das wirklich Letzte

Es gibt Dinge, die macht man anscheinend nur mit Frauen. Nadeschda arbeitet als Senior Group Managerin bei einem Konzern in dessen sehr ländlich gelegener Zentrale. Sie ist alleinerziehend, zwei schulpflichtige Kinder. Ihr Arbeitgeber ist der Einzige im Radius von 50

Kilometern, der sie bei ihrer Qualifikation beschäftigen kann. Nadeschda hat von Anfang an vereinbart, dass sie ausschließlich in der Zentrale arbeiten möchte, solange die Kinder noch zur Schule gehen. Damals hat ihr Arbeitgeber vorbehaltlos zugestimmt (weil Nadeschda für ihn bloß eine weitere Vorzimmerpuppe war). Inzwischen hat sie das gemacht, was Frauen meist machen: die männliche Konkurrenz ausgestochen. Vor zwei Wochen hat sich der Russland-Chef des Konzerns vor den russischen Machthabern und Oligarchen unmöglich gemacht. Jetzt soll Nadeschda mit ihrem russischen Migrationshintergrund für den Konzern mindestens zwei Jahre nach Moskau gehen, um die Kastanien aus dem Feuer zu holen. Nadeschda verweist auf die getroffene Vereinbarung. Der Vorstandssprecher sagt: »Es gibt in Moskau gute deutsche Schulen für Ihre Kinder. Entweder Sie packen Ihre Koffer oder Sie werden in unserer Branche nicht mal mehr in der Fensterputzkolonne unterkommen!«

Nadeschda übersteht irgendwie den Tag, geht wie immer um 18 Uhr nach Hause und heult sich erst mal aus, nachdem die Kinder im Bett sind. Alles, was sie sich so mühsam nach der hässlichen Scheidung aufgebaut hat, der Umzug, der Aufbau eines neuen Freundeskreises für die Kinder, die Integration in die kleine Gemeinde – ihre ganze Existenz ist von einer Sekunde zur anderen vom Untergang bedroht. So empfindet sie das und wir wollen ihr das nicht verbieten. Sie fragt sich: »Wie um Himmels willen soll ich in so einer Situation vernünftig mit dem Vorstand verhandeln?« Sie grübelt und grübelt. Nicht weil die Situation so extrem ist, sondern weil sie die falsche Frage stellt.

 In Extremsituationen wird das Verhandeln immer weniger wichtig und das Ergründen der eigenen Bedürfnisse immer wichtiger.

In Extremsituationen sollten wir uns nicht den Kopf darüber zerbrechen, *wie* wir verhandeln sollten, sondern erst einmal *worüber.* Natürlich will Nadeschda nicht nach Moskau! Aber sie will auch nicht arbeitslos werden und nicht schon wieder umziehen, solange die Kinder noch klein sind. All das will sie nicht – doch nach reiflicher Überlegung möchte sie eines am wenigsten: »Mich noch länger erpressen lassen!« Denn wenn sie sich einmal erpressen lässt, wird der Erpresser es immer wieder versuchen. Und nachdem sie das herausgefunden hat, nachdem sie zum tiefsten ihrer Wünsche vorgedrungen ist, fällt ihre alles andere auch leicht. Okay, nicht leicht, aber jedenfalls ist nun alles für sie klar: »Meine Mama kommt die nächsten drei Monate und passt auf die Kinder auf. Ich setze durch, dass ich nur drei Wochentage in Moskau sein muss. In der restlichen Zeit arbeite ich in der Zentrale – und baue mir in Deutschland ein Kundennetz von Unternehmen auf, die Beratung in Sachen Russland brauchen. In spätestens zehn Monaten mache ich mich selbstständig. Lieber das, als mich noch jahrelang mit dem Schicksal meiner Kinder erpressen zu lassen.«

Es muss in solchen Extremsituationen nicht immer um Leben und Tod gehen. Extrem werden Situationen aus vielerlei Gründen.

**z.B.** Larissa zum Beispiel leidet bei jeder Sitzung der Geschäftsführung Höllenqualen: Sie ist die einzige Frau unter sieben Mitgliedern der Geschäftsleitung und die sechs Jungs beharken sich immer mit den übelsten Schimpfwörtern und Beleidigungen und verschonen auch sie nicht. Das ist »üblicher Umgangston im Management«, wie der Finanzvorstand sagt. Larissa hat bislang immer darüber gegrübelt, wie sie in so einer vergifteten Atmosphäre verhandeln soll: »Mitmachen oder zivilisiert bleiben?« Die Frage bringt sie nicht weiter. Aber die Frage nach dem, was ihr am allerwichtigsten ist. Im Coaching überlegt sie lange. Sekunden vergehen. Dann sagt sie: »Nee, so möchte ich nicht weitermachen. Wirklich nicht. Ich kann weder mitproleten noch die feine Dame ge-

> ben. Ich möchte lieber das Thema ansprechen und die Jungs nötigenfalls erziehen.« Genau das tut sie. Die Vorstände sind erst mal baff: »Aber so reden wir immer!« Das ist Larissa egal. Sie besteht auf ihrem Wunsch. Seither erzieht sie den Vorstand. Ein mühsames Geschäft. Doch es ist der Wunsch, auf den Larissa nicht verzichten möchte.

Wenn Sie wissen, was Sie wirklich wollen, wird jede Extremsituation nicht nur erträglich, sondern auch lösbar.

Übrigens: Warum sollten Sie regelmäßig Extremsituationen suchen? Will ich Sie zum Masochismus überreden? Nein. Die Antwort ist simpler: Wer sich regelmäßig mit Extremsituationen beschäftigt, unterzieht sich quasi einem Extremtraining. Ganz »normale« Verhandlungen werden danach viel leichter für Sie werden. Das ist so wie mit jedem Training: Wenn Sie Marathon trainieren, legen Sie eine Runde um den Block quasi auf einem Bein zurück. Aus diesem Grund suchen Profi-Verhandlerinnen geradezu Extremsituationen, zumindest einmal im Quartal: Das ist extrem, doch auch ein extrem gutes Training. Larissa zum Beispiel meldet sich regelmäßig zu Verhandlungen mit dem gefürchteten Exportchef des Unternehmens: »Der haut mich regelmäßig in die Pfanne – aber ich lerne dabei mehr als in 20 anderen Verhandlungen. Und inzwischen luchse ich ihm auch das eine oder andere ab.« Wer extrem trainiert, wird extrem gut.

# Nachwort vom Leben als Verhandlung

Es wäre schade, wenn Sie Ihre neuen Fertigkeiten und Fähigkeiten bei der Verhandlungsführung nur für die Verhandlungsführung einsetzen würden. Denn im Grunde ist jede Kommunikation eine Verhandlung im besten Sinne: der Versuch einer Vereinbarung unterschiedlicher Interessen. Das Kind räumt sein Zimmer nicht auf oder isst kein Gemüse, der Partner räumt seine Socken nicht auf oder hört einfach nicht zu, die beste Freundin kommt nicht von ihrem Selbstmitleid-Trip herunter, die Mama will partout (noch) ein Enkelkind, die Waage zeigt fünf Kilo zu viel an – das alles sind im Grunde typische Verhandlungssituationen, in denen wir vom Ist zum Soll gelangen wollen/müssen.

 **Das ganze Leben ist eine Verhandlung.**

Zumindest ist die Verhandlung eine perfekte Metapher für das Leben: Wir müssen nicht das nehmen, was man uns vorsetzt. Verhandeln können wir immer. Das Schöne daran: Es kommt dabei immer etwas heraus. Wer verhandelt, stellt sich immer besser, als wer nicht verhandelt (und sei es nur über die Steigerung des eigenen Selbstwertgefühls).

Wichtig dabei ist mir, dass Sie sich jetzt, am Ende unserer gemeinsamen Wegstrecke, ganz sacht vom Buch lösen: Probieren Sie jeden Tipp, jedes Rezept aus. Sammeln Sie Erfahrung. Aber bleiben Sie nicht an Tipps und Techniken kleben. Entwickeln Sie Ihren eigenen Stil. Ein kleines Beispiel dazu:

*Beim Verhandeln kommt immer was heraus*

**z.B.** Stine weiß, dass sie bei größeren Anschaffungen regelmäßig zu viel bezahlt: »Ich kann einfach nicht so knallhart verhandeln wie einige meiner Freundinnen.« Sie hat das ehrlich probiert, aber: »Das bin ich einfach nicht.« Deshalb hat sie an diesem Punkt ihren eigenen Stil entwickelt. Es hat sie einige Versuche und viele Rückschläge gekostet, doch heute verhandelt sie so: »Sie haben sicher schon bemerkt, dass ich nicht knallhart verhandeln kann. Wenn Sie mir die 5 Prozent nicht geben wollen, werde ich nicht mit Ihnen feilschen. Ich kann Ihnen nur Folgendes vorschlagen: Ich bin Fitness-Trainerin. Ich betreue ungefähr 200 Frauen in meinen Kursen. Wenn Sie mir im Preis entgegenkommen, werde ich das in meinen Kursen nicht verschweigen. Wenn Ihnen diese Werbung etwas wert ist, kommen Sie mir entgegen.«

Ich würde so nicht reden, Stines beste Freundin auch nicht. Doch für Stine passt das. Es ist wie in der Mode auch: Es muss passen. Und es spart Stine eine Menge Geld. Viel mehr, als wenn sie nicht oder als wenn sie knallhart verhandeln würde. Ergo: Pflegen Sie Ihren eigenen Stil!

**Verhandeln lernt man nur durch Verhandeln**

Mit der Betonung auf »pflegen«. Denn das ist das Geheimnis der Verhandlungsstärke: Schwimmen lernt frau nur beim Schwimmen. Geoffrey Colvin hat einen Bestseller geschrieben mit dem lapidaren Titel: »Talent is overrated«, Talent wird überschätzt. Darin weist er empirisch nach, dass jene Menschen, die durch herausragendes Talent glänzen (Warren Buffett, Steffi Graf, Tiger Woods, Angela Merkel …) eigentlich überhaupt keines haben. Sie sind weder intelligenter noch begabter als wir. Das Geheimnis ihres und jedes anderen Erfolgs liegt schlicht darin, wie intensiv und wie reflektiert sie trainieren. Beide Erfolgsvoraussetzungen werden meiner Ansicht nach von der Mehrzahl der Menschen nicht wirklich verstanden.

Immer wieder coache ich Managerinnen, die sich darüber beklagen, dass ihre Verhandlungsstärke sich nicht schnell genug entwickelt. Wenn ich sie frage, wie oft sie ernst zu nehmende Verhandlungen

führen, kommt oft als Antwort: »Einmal die Woche.« Würden Sie mit nur einer Trainingsstunde pro Woche Tennisspielen, Schwimmen, Schachspielen oder Integralrechnen schnell genug lernen? Sie würden es nicht einmal versuchen! Aber ernst zu nehmende Verhandlungen gibt es eben nicht alle Tage? Schauen Sie genauer hin!

 **Tipp** Wer trainieren will, findet überall Trainingsgelegenheiten.

Ich kenne eine Freeclimberin, die nicht jeden Tag am Fels trainieren kann – also klettert sie Fassaden hoch und hängt minutenlang an einem Finger von diversen Türrahmen und Balkonen runter. Denn auf diese trifft sie täglich. Wer wirklich besser verhandeln können möchte, sucht in jeder Kommunikation die vorhandenen Verhandlungselemente und trägt selbst welche hinein. »Aber ich kann doch nicht mit meinem Mann wie mit einem Manager verhandeln!« Sie können auch mit manchem Manager nicht wie mit einem Manager verhandeln! Sie müssen sich auf jeden Verhandlungspartner jedes Mal neu einstellen. Verhandeln ist wirklich universell! Sie können es immer und überall trainieren. Und das sollten Sie auch. Verhandeln ist wie jeder Sport: Je öfter Sie trainieren, desto besser werden Sie und desto besser wird die Figur, die Sie dabei machen und kriegen.

Der zweite regelmäßig übersehene Erfolgsfaktor beim Stärken eigener Fähigkeiten ist die Reflexion. Zu viele Frauen gehen aus Verhandlungen raus und schimpfen: »Jetzt hat das wieder nicht geklappt. So ein Mist aber auch! Lerne ich das denn nie?« Viele halten diese Sprüche 30 Jahre lang durch. Warum? Weil es natürlich weh tut, sich mit eigenen Unzulänglichkeiten zu beschäftigen – Sie werden von mir nicht das Wort »Fehler« hören – und ich von Ihnen hoffentlich auch nicht. Andere Frauen sagen: »Jetzt hat das wieder nicht geklappt. Warum nicht? Wie packe ich es an, damit es wenigstens das nächste Mal hinhaut?«

> »Man kann auch 30 Jahre lang etwas falsch machen.«
> Kurt Tucholsky

**STOP**   Die meisten Menschen lernen nichts hinzu, weil sie sich ärgern, anstatt (etwas, sich) zu ändern.

Wer besser werden will, darf sich nicht für »Fehler« bestrafen, sondern muss Fehler erst mal abschaffen. Es gibt keine Fehler, es gibt nur Feedback. Wer etwas lernen möchte, sollte das niemals mit Bestrafung versuchen. Das haben wir schon als Kinder gehasst, warum sollte es jetzt besser sein? Freuen Sie sich über jeden kleinen Fortschritt. Loben Sie sich dafür. Und freuen Sie sich auch über jeden Rückschlag, jeden kleinen Misserfolg, selbst wenn er zum zehnten Mal passiert. Solange Sie etwas daraus lernen, Ihr Verhalten korrigieren und es ein elftes Mal probieren, machen Sie alles richtig. Wenn Sie sich bloß wieder über sich aufregen, machen Sie alles falsch und vieles kaputt. Wer lernt, muss nett zu sich selbst sein. Das ist angenehmer, motivierender, förderlicher und produktiver.

Irgendwann werden Sie dabei an den Punkt kommen, den mir meine Seminarteilnehmerinnen und Coachees regelmäßig rückmelden: »Das hätte ich nie gedacht: Verhandlungen machen mir jetzt sogar Spaß!« So soll es und so wird es (mit etwas Training) auch sein. Wenn ich Sie auf diesem Weg begleiten kann, mache ich das gern. So erreichen Sie mich:

metatalk Kommunikation + Training
Dr. Cornelia Topf
Weichselweg 1
**86169 Augsburg**

Tel 08 21-70 48 82
E-Mail: info@metatalk-training.de
Homepage: www.metatalk-training.de

# Stichwortverzeichnis

**A**

Abbruch-Marke 162
Achtsamkeit 99
Adler, Nancy 99
Affektschleife 154
Aggressivität 160
Altruismus 61
Anchoring (Ankerung) 92
Angst  162
Angst vor Zurückweisung 133
Anpassungsstrategie 75
Ansatz, lösungsorientierter 193
Argumentation, ausgewogene 114
Aufschlagsrecht 92
Ausweichstrategie 74

**B**

Babcock, Linda 30
Bauernopfer 121
Bedürfnisse, eigene  64
Begründung 101
Beschuldigung 171
Bewusstheit, emotionale 145
Beziehungswärme  37

**C**

Charme-Falle 24

**D**

Dialog, innerer 41
Dominanz 36
Drohung 159
Druck 44
Durchschnittsmensch, intellektueller 88

**E**

Ego-Loch 53
Eigeninteresse 61
Ein-Satz-Ziel 65
Einwand 62
Einwandsbehandlung 140
Entgegenkommen 79
Entschuldigung 155
Enttäuschung 190
Erlaubnis, innere 134
Eröffnungsgefecht, taktisches 92
Erwartung 190
Extremsituation 186

**F**

Fehler 91
- blinder 74
- trivialer 97
Flexibilität 70

Fragen 100
Fühlen-Handeln-Schleife 150

**G**

Gehaltsgespräch 16
Geheimniskrämerei 92
Gelassenheit 165
Gemeinsamkeit, triviale 92
Goethe 28
Grundeinstellung,
- naive 60
- paranoide 60
Grundsatzdiskussion 22
Grundverständnis, strategisches
    84

**H**

Häh?-Taktik 143
Handeln, konkludentes 170
Harmonie 14
Harvard-Business-Verhand-
    lungskonzept 43
Hume, David 128
Hunde, scharfe 37

**I**

Interaktion, themenzentrierte
    171
Interessenabgleich 124
Interessenausgleich 62
Intervention, paradoxe 152, 162

**K**

Klarheit, mangelnde 120
Klärung 171
Kommunikation, gewaltfreie
    99
Komplexitätsgrad 123
Kompromiss, fauler 79
Kompromisslos-Taktik 106
Konfrontation 102

**L**

Leitgedanke 46
Loslassen 154, 165

**M**

Macht 36
Machtkarte 158
Mantra 46
Maximalforderung 134
Maximalziel 58
Meta-Kommunikation 78
Meta-Strategie 85
Minimaloption 23
Minimalziel 23, 58
Missionarin 124
Missverständnis 125
Motivation, ritualisierte 44
Mutmacherparole 84

**N**

Nachverhandlung 108
Nicht-Ziel 96
Nutzen, versteckter 20
Nutzenargumentation 126

Nutzenintegration 21

**O**

Okay-Ziel 58
Opferrolle 112
Optionen 66, 68

**P**

Parts Party 28
Perfektionismus 49
Plausibilitätsfrage 93
Primacy-Effekt 133
Primärnutzen 19
Problemzentrierung 192
Projektion 60
Provokation 151, 163

**R**

Reaktanz 36, 91
Reflexion 150
Reframing 136
Rituale 45
Roosevelt, Eleanor 154

**S**

Sachargument 24
Salami-Taktik 141
Sandwich-Feedback 177
Schleifchen-Taktik 141
Schmeichelei 157
Schmerzgrenze, persönliche 175
Schweigen 102
Schweigen-ist-Gold-Taktik 144

Schweinehund, innerer 27
Second-Source-Strategie 74
Sekundärnutzen 20
Selbstvorwurf 27
Selbstwert-Booster 43
Selbstwertgefühl 35, 53
Self-Check, strategischer 74
Sprung-in-der-Platte-Taktik 106
Stärke, innere 35
Stopp-Taktik 106

**T**

Thatcher, Maggie 31

**U**

Überfall-Taktik 91
Unzuverlässigkeit 172, 180

**V**

Verhandeln, harmonisch 35
Verhandlung, innere 27
Verhandlungsblockade, unbewusste 18
Verhandlungsführung, kooperative 82
Verhandlungs-Mantra 84
Verhandlungsmasse 67
Verhandlungspartner, unkooperativer 94
Verhandlungsspielraum 134
Vermeidungsstrategie 75
Vertragsabweichung 172 ff.
Vorbereitung, gute 57

Vorschlag, inakzeptabler 104
Vorsicht, taktische 107

**W**

Was-mich-das-kostet-Taktik
142
Wer-nicht-hören-will-Taktik
143

Worst Case 163
Worst-Case-Mantra 52

**Z**

Zielklärung 96
Zuhören, aktives 100
Zuverlässigkeit 169, 180

# Über die Autorin

*Dr. Cornelia Topf* ist ausgewiesene Expertin für Erfolgskommunikation.

Der Erfolg ihrer Seminare, Coachings und Vorträge auf internationaler Bühne und ihrer mittlerweile ein Dutzend Ratgeber und Bestseller spricht für sich und ihren praxisnahen, pointierten und mitreißenden Stil. Sie ist seit über 20 Jahren Executive Coach, Trainerin, Vortragsrednerin und Leiterin von metatalk, dem renommierten Augsburger Institut für Erfolgskommunikation. Sie ist international aktiv, insbesondere mit den Themen souveräne Körpersprache, überzeugende Rhetorik, begeisterndes Auftreten, professionelle Verhandlungsführung, gewinnende Wirkung, souveränes Verhalten in allen Situationen, nachhaltige Selbstsicherheit und Frau und Karriere.